突 破 认 知 的 边 界

高效控糖

一学就会的控糖魔法书

〔日〕三好清佳 椎名希美 著
肖辉 王群 译

中国画报出版社 · 北京

图书在版编目（CIP）数据

高效控糖：一学就会的控糖魔法书 / (日) 三好清佳, (日) 椎名希美著；肖辉, 王群译. -- 北京：中国画报出版社, 2023.6

ISBN 978-7-5146-2273-7

Ⅰ. ①高… Ⅱ. ①三… ②椎… ③肖… ④王… Ⅲ. ①减肥－菜谱 Ⅳ. ①TS972.161

中国国家版本馆CIP数据核字(2023)第100055号

北京市版权局著作权合同登记号：图字 01-2023-2850

高效控糖：一学就会的控糖魔法书

〔日〕三好清佳 〔日〕椎名希美 著 肖辉 王群 译

出 版 人：方允仲
责任编辑：郭翠青
责任印制：焦 洋

出版发行：中国画报出版社
地 址：中国北京市海淀区车公庄西路33号
邮 编：100048
发 行 部：010-88417410 010-68414683（传真）
总编室兼传真：010-88417359 版权部：010-88417359

开 本：32开（880mm×1234mm）
印 张：4.75
字 数：66千字
版 次：2023年6月第1版 2023年6月第1次印刷
印 刷：河北文扬印刷有限公司
书 号：ISBN 978-7-5146-2273-7
定 价：49.80元

前言

市面上有很多的减糖食谱，其中不乏一些既能简单烹饪，又能尽量减少糖分摄入的优秀方案。为了尽可能帮助到各位读者，我们也是花尽了心思来创作此书。

本书印制使用优质特种纸，图片精美清晰，可使您在阅读时获得愉悦的体验。

对于食谱而言，操作简单也同样重要。不论是用微波炉稍一加热就能做好的方便简餐，还是只用一个平底锅就能烹饪的简单料理，抑或是简单到只用一个碗就能完成的轻松膳食，就连那种只需做一次就可以吃好几天的膳食食谱都在本书中有所收录。

想必大家的生活节奏都很快，不希望在做饭上花太多的时间。所以，本书超过一半的食谱可以在 5 分钟之内烹饪完成！还有不少食谱的烹饪时间控制在 10 分钟之内。当然，15 分钟之内就可以做好的食谱占九成以上。

过日子难免要考虑日常开销。本书中所需要的食材，平均一个人一顿饭都可以控制在30元以内，绝大多数只需要20元以内的成本，甚至还有只需10元左右就可以饱餐一顿的超实惠食谱！

上面提到的这些，我们都在书中做了标记，简单明了。

“减糖”不能“减味”。一提到“减糖”，大家就很容易将其和“减肥”“降血糖”这类的话题联系到一起，把减糖想象成一种禁欲的修行。很多人认为，相比身体的健康，饭菜的口味并不重要，因此也干脆不加考虑。对于减糖餐而言，制作简单、用料便宜虽然十分重要，但如果做出来的饭菜难以下咽，那么想要坚持减糖饮食就无从谈起。

因此，我们特别请到了一“饭”难求的人气名厨——高桥学先生参与到我们的食谱编写工作中。美食讲究的是“色、香、味俱全”，既然提到了“味”，那么“色”也同样不能被忽视。

我们把食谱中的这些美食拍照发到互联网上，经常瞬间就收到大量网友的点赞。

我们通常把像米、面这样的主食称作“碳水化合物”，它们和甜食点心一样，被大家看作减糖饮食的敌人。尽管如此，我们还是努力在本书中加入了一些有关主食和点心的食谱。

札幌南一条医院的营养科诊室也参与监制了本书中的全部食谱。因此，本书中的食谱不仅仅关注糖分的摄取，还会考虑到我们所需的其他营养成分。

总而言之，我们抱着一颗想要创造史上“最强”食谱的决心，通过不断努力和研究做出了这一系列的成果，我们把这些成果拍照上传到互联网上之后，已经赢得了 32 万以上的关注量！

在这些研究成果的基础上，我们精心挑选了 100 个减糖食谱，编写出了这本书。

能够让各位读者一直轻松快乐地享受烹饪、享受美食、享受减糖生活，对于我们来说，就是最幸福的一件事情。

三好清佳
椎名希美
2020年10月

目录

第一部分

主食

【米饭、面包、面条、煎饼】

第二部分

主菜

【肉类】

第三部分

主菜

【海鲜类】

第四部分

配菜

【肉类、海产品类】

第五部分 5 配菜

【蔬菜、水果】

第六部分 6 配菜

【菌类、豆制品、谷物和薯类】

第七部分 7 甜品

糖分
6.9g

热量
519kJ

爽脆口感，独具魅力

意式炸藕盒

15 分钟以内　20 元以内　可冷冻　平底锅烹饪

材料（1 人分量）

鸡肉馅：20g；
洋葱：5g；
蟹味菇：5g；
盐：少许；
胡椒粉：少许；
莲藕：35g；
面粉：适量（1g）；
鸡蛋：半个（12g）；
橄榄油：1 小匙（3g）；
生菜：5g；
柠檬：10g；
香芹：适量（1g）；
帕尔马干酪：半小匙（1g）

烹饪方法

1. 将洋葱切末，与蟹味菇、盐、胡椒粉、鸡肉馅混合搅拌。

2. 将莲藕切成 0.5cm 左右厚度的藕片，加入步骤 1 中处理好的鸡肉馅，放上用面粉、盐、胡椒粉制成的面糊，平底锅放入橄榄油，将藕盒下锅煎制。

3. 盘中放上生菜叶，将炸好的藕盒放在生菜叶上，撒上柠檬、香芹和帕尔马干酪。

在意大利，有一种将肉或鱼切成薄片，再裹上鸡蛋和面粉煎制而成的料理。这次的食谱在此基础上，将食材从单一的肉变成了藕盒，进一步提升了口感。

糖分 / 热量

这里指的是这道菜制作 1 人份时所包含的糖分和热量。此外我们以蛋白质、脂肪、钙等 12 种营养成分的含量为标准，在本书末尾将全部菜式的营养成分汇总成一张总表，供各位读者参考。

材料表

本书中食谱所需食材均以“g”（克）为单位标注标准用量。而且为方便大家操作，我们还用“1 大匙”“cm”（厘米）等说法加以辅助说明。在实际操作中，可以根据个人口味酌情调整。

请注意

- 本书材料计量单位“1 大匙”为 15mL（毫升），“1 小匙”为 5mL，“1 杯”为 200mL。
- 如材料单中没有写明，则无须额外加水。
- 如无特殊说明，烹饪时均使用中火。
- 烤箱和微波炉品牌不同，性能也不同。要注意观察，根据加热情况调整温度和加热时间。
- 除非有特殊说明，食谱中的蔬菜均须事先清洗、削皮。
- 可冷藏冷冻的菜品，其保质期取决于烹饪时食材的新鲜程度和冰箱保鲜的性能。
- 正在注射胰岛素的读者、服用降糖类药物的读者、肾功能低下的读者、孕妇和患有其他疾病的读者，在使用本书中食谱及降糖疗法之前，请务必向医生咨询建议。

❖ 本书出现的价格均已折算为人民币。

小标记

15 分钟以内 在 15 分钟以内就可以烹饪完成。此外，根据烹饪时长，有些食谱还标记了“5 分钟以内”“10 分钟以内”。

可冷冻 这类食谱可以长时间存放，烹饪完成后可以放进冰箱里保存。“可冷冻”表示可以保存在冰箱冷冻区，“可冷藏”表示可以保存在冰箱冷藏区。

20 元以内 制作 1 人份所需材料成本在 20 元以内。此外还有“10 元以内”“30 元以内”的食谱。

平底锅烹饪 本食谱可使用平底锅烹饪。不同食谱的烹饪方式也有所不同，如标记“微波炉烹饪”时，只需使用微波炉加热即可；标记“沙拉碗烹饪”时，只需使用沙拉碗将食材拌好即可。

糖分不只是肥胖的元凶，更是加速衰老和引发疾病的重要物质

糖分是令人衰老的第一大因素

不管是谁，都希望能拥有完美身材，永葆青春。

而阻碍我们健康的第一大敌人便是糖分。毋庸置疑，摄入过多糖分会引发肥胖。不仅如此，糖分还会加速衰老，引发疾病。

一直以来，我们都认为是紫外线、活性氧与精神压力使得我们体内的细胞发生改变，进而导致体内的脂肪成分酸化，诱发衰老。但近年来的研究发现，由糖分引发的“糖化反应”才是令人衰老的重要原因。

所谓“糖化反应”，就是指我们体内没有被消耗掉的多余糖分与蛋白质相结合，使得细胞老化的现象。可以更形象地解释为，人体就好比是一台机器，而活性氧导致的人体酸化就好比是这台机器被不断地锈蚀，而糖分导致的人体糖化现象就如同是把我们的身体烤得像饼干一样。

在烘烤饼干时，我们经常会希望饼干烤得金黄酥脆，恰到好处，而这种“金黄酥脆”，就是一种糖化反应。这种糖化反应是饼干面糊里的糖与鸡蛋、牛奶中的蛋白质相互作用，最终使糖分变性的结果。金黄酥脆的饼干让人胃口大开，可同样的糖化现象若发生在我们自己的身体里，就很难不让人担心。

从内到外摧毁你的身体

胶原纤维是保持人体肌肤弹性的重要物质。人体发生糖化反应后，胶原纤维的结构会被破坏，从而让肌肤失去弹性，催生皱纹。而糖化反应产生的废物沉积在皮肤的细胞中，就会导致色斑、暗沉等肌肤问题，让肌肤失去水润光泽。若是发丝中的蛋白质被糖化，就会导致头发枯黄暗淡。

糖化反应带来的问题不仅仅体现在外表上。糖化反应会产生糖化终产物（AGE），这种糖化终产物会作用在人体内脏等器官上，引发动脉硬化。同时，据最新研究显示，阿尔茨海默病（老年性痴呆的一种）、白内障疾病的发生也与糖化终产物有关。糖化终产物还会损害骨质，诱发骨质疏松。

综上所述，糖化反应是导致衰老和疾病的重要因素。

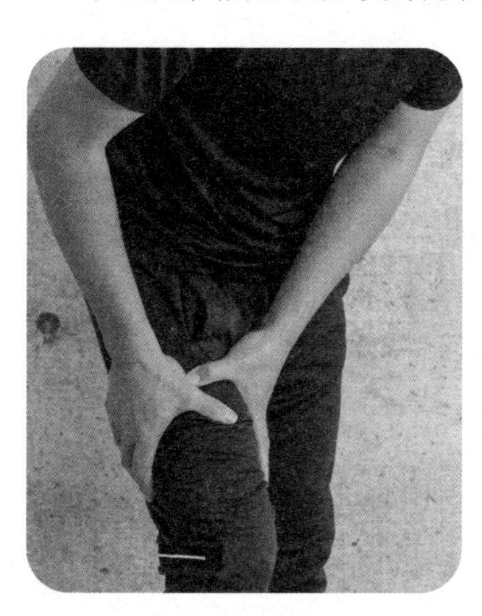

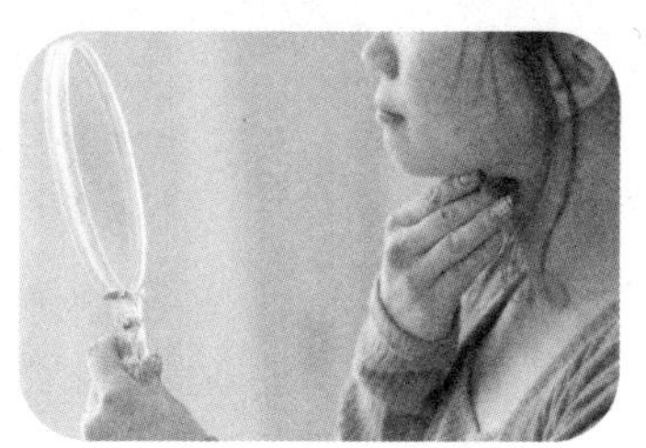

你一定要知道的减糖新常识

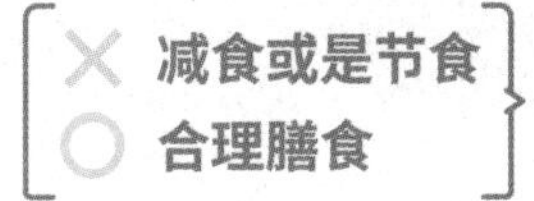

若是一直通过节食的方式减肥，会让我们无法摄取到足够的蛋白质、膳食纤维、维生素和矿物质等重要营养物质，对人体新陈代谢产生不利影响，进而难以瘦身。

而且节食还会影响排泄机能，引发便秘，让新陈代谢雪上加霜。

所以与其减少食量，不如重视饮食的平衡，适量饮食！

×控制热量的摄入
○重视蛋白质和膳食纤维的摄取

若是只吃魔芋和蔬菜这类低热量的食物，就会导致肌肉萎缩，代谢下降，反而不容易瘦下来。

不仅如此，光吃这些食物还会让人无法获得饱腹感，也就无法有效地控制食欲。因此不要将目光只盯在控制热量的摄入上，还要在饮食中重视摄取蛋白质和膳食纤维。

若是过分控制热量的摄入，还会导致头晕，引发低血糖，身体为了应对这种不良反应，就会储存更多的能量，反而会变成不容易瘦的体质。

事实上，很多因为减肥而损害了自己身体健康的人，大多都是因为过度地限制了热量的摄入。健康瘦身就是要合理饮食，像本书所写的那样规划好控糖食谱。

同时，我们也应该去关注那些低热量多糖的食物。日式点心就是一个典型的例子：如果我们以 100g 食物为单位计算，奶油泡芙大概含有 954kJ 的热量和 25.3g 的糖分，而在我们看来比较健康的豆馅年糕却足足含有 962kJ 的热量和 45.5g 的糖分，相比奶油泡芙而言，其糖分足足多了将近一倍。

就让我们来认清糖分和热量的真实面目吧！

× 只有坚持一个月以上才会有效
○ 大多只需坚持三天就可以切身感受

从食物中摄取的糖分，会在身体里被分解成葡萄糖，进而转化成能量被消耗掉。而没有被消耗掉的糖分，就会在一天之内被转换成中性脂肪。三天之后，这些中性脂肪就会进一步变成皮下脂肪和内脏脂肪。

从这个观点可见，我们现在的体重其实与我们三天前的饮食关系重大。

既然如此，我们只需要减糖三天，那么在三天之后体重也就会自然地下降了。其实很多人都能通过三天的减糖减掉 1kg 的体重。

× 只要是"0 糖"，就可以放心食用了
○ "0 糖"不代表真的没有糖

"0 糖"中的糖所指的只是一部分的简单糖类。简单糖类是指单糖（如葡萄糖）和双糖（如蔗糖）。而所谓的"0 糖"也并不能让我们完全放心。我们要注意到，哪怕是甜味剂也会带有一定的糖分。

空腹喝下一杯水

空腹感真的就是让肚子空着吗？有时胃根本就没有被排空，大脑就会产生空腹的错觉。在控制糖分摄入的过程中，有时就会产生这样的空腹感，但实际上我们身体的营养供给和能量储备都很充足。

想要识破这种空腹的错觉，最简单的办法就是喝一杯水。如果我们用这种方式消除了空腹感，那么这种空腹感就是一种错觉。

这种空腹错觉的发生主要有两点原因。

第一个原因是在饮食的过程中，我们过分单一地摄入碳水化合物，偏向以糖为中心的饮食结构，导致体内的血糖值急剧波动。比如说我们只吃面包、大米、面条这种容易消化的主食，就会让血糖急剧上升和下降。体内的血糖紊乱，胃就会向大脑传递一种错误的信号，让我们产生了空腹感。所以，我们要极力避免形成以米面主食为中心的饮食结构，合理地平衡膳食结构才能让肠胃做出正确的判断。

第二个原因是通过视觉引起的空腹错觉。在看到食物时，我们通过食物的色、香、味等特征产生“好像很好吃”“之前好像没有品尝过它的味道”这样想要尝尝的心理，进而不管自己是否真的空腹，都会产生饥饿感。如果因此就大快朵颐，那么我们就吃下了多余的一餐。

我们要通过认清空腹感的本质，去对抗空腹错觉的诱惑，不要轻易吃间餐。

想吃的东西要在中午之前吃

无论是炸猪排饭，还是浓油重酱的拉面、零食点心，抑或是果汁饮料，它们的营养结构都严重失衡，糖分的含量就更无须多言了。这些都是容易让我们暴饮暴食的食物。

若是忍住不吃这类食物，在工作和学习的过程中我们就会难以集中注意力。工作和学习的压力积少成多，让我们很容易在睡前和深夜选择暴饮暴食。通过这种方式摄取到的糖分，对人体危害最大。

既然如此，那就选择一个合适的时间来吃这类食物，将其危害最小化。选择在早上和中午之前吃这些食物，随后我们就会有充足的时间来消耗掉身体里的糖分，让自己“只在白天吃自己喜欢的东西”，就可以很轻易地克服自己的饮食陋习。

从蔬菜、藻类食品、酸奶和豆浆等食物中摄取养分

事先摄取膳食纤维和蛋白质，可以有效地阻止糖分的吸收。为此，要在摄入碳水化合物前 5 分钟吃一些蔬菜或是喝一些豆浆。

同时可以在饭前喝一些番茄果汁。番茄中富含番茄红素，可以防止血糖上升过快。

蔬菜和藻类食品中都含有大量的膳食纤维，酸奶和豆浆中则含有大量的蛋白质，当然最好都选择无糖产品。

下午 4 点是吃零食的最佳时间

血糖骤升不仅会导致脂肪囤积，还会让人昏昏欲睡，烦躁易怒。要避免这种情况发生，就要控制血糖，不能让自己过于饥饿。所以最好在下午 4 点钟左右吃一些零食。

相比传统的零食点心，圣女果或是无糖酸奶这类食品更为健康。若是非要吃一些其他的点心，那么坚果或糖炒栗子也是很不错的选择，毕竟糕点或者小面包这类食物的糖分都很高。

摄入糖分，也要精挑细选

我们摄入的糖分是有差别的，不能一概而论。有摄入之后容易发胖的糖分，也有摄入之后不易发胖的糖分。

摄入之后让人容易发胖的糖分，主要是指在制作点心和果汁过程中广泛使用的果葡糖浆。而富含维生素和膳食纤维的块茎类蔬菜中，则含有摄入之后不易发胖的糖分。完全不摄入糖分会导致精神压力增大，因此，我们可以适量摄取这种不容易发胖的糖分。

不能因噎废食，更不能因脂废肉！吃肉比吃荞麦面更健康

相比吃肉，看起来似乎吃荞麦面这种粗粮面食更为健康，实则不然。事实上，荞麦面的含糖量其实很高，而牛排所含的蛋白质则更为丰富，相比之下糖分含量更少。比如说，170g 的荞麦面就含有足足 40.8g 的糖分；而一块 150g 的牛腱肉仅仅含有 5.6g 的糖分。

因此，我们强调像鸡肉、牛肉、猪肉、羊肉等肉类都是可以放心食用的食材。

不过像火腿、香肠这种肉类加工品则另当别论，还有用面粉或是面包糠包裹食材制成的炸肉饼等食品，它们的含糖量都很高，在食用时需要留神。还有许多调味料中也含有大量糖分，因此我们也要多加注意。

所谓减糖瘦身，与其说要“减糖”，倒不如说要更加重视摄入大量的蛋白质。肌肉可以燃烧脂肪，而蛋白质则是肌肉生长的养料。为此，我们可以尝试多吃一些肉类，比如牛排或鸡肉。

米面要巧吃，配菜的口味不要太重

主食可以中和菜品的重口味，因此浓油重酱的配菜会让我们摄入更多的主食。所以我们在烹饪时要做一些清淡的调味。

吃些有嚼劲的主食，比如法式硬面包

我们平时吃的面包大多香甜软糯，几口就能吃下去一个，不知不觉间就会越吃越多。而有些面包因为质地坚硬有嚼劲，在吃的时候就要多花些时间来咀嚼。长时间的咀嚼会让我们产生饱腹感，有助于防止暴饮暴食。

我们也可以选择一些加工过的面包产品来吃。如在面包上面涂上黄油或是橄榄油，可以防止血糖骤升。

食用全麦粉制作的面食

我们平时接触到的面粉一般是“精白面粉”，精白面粉颜色雪白，是经过精细加工、除去麸皮和胚芽的面粉。

而与精白面粉相对应的是“全麦面粉”，全麦面粉中包含了麸皮等小麦的全部成分。

全麦面粉中富含维生素、蛋白质和矿物质，相比精白面粉能够更加有效地抑制血糖的上升。无论是从减糖还是从其他的角度来看，相比精白面粉，全麦面粉都更为健康。

多放配菜

像咖喱饭、意大利面这类食物，要尽量多地放一些酱汁和配菜。在配菜中加入鸡蛋、蘑菇、菠菜等含有丰富蛋白质和膳食纤维的食材，有助于减缓体内血糖的升高。

在外面吃意大利面、拉面或是咖喱饭的时候，不要单点一份主食，还可以再加一份沙拉或是汤菜。

米面要在早上吃

糖、脂肪和蛋白质是人类所需的三大营养物质，而米饭或是面包这类主食中就含有大量的糖分。研究表明，人在早上最容易消耗糖分。

还有研究显示，在早上摄入蛋白质可以更为有效地促进肌肉的增长。增肌可以促进基础代谢，进而瘦身塑形。

因此，可以在早上食用米面主食或是含有丰富蛋白质的鱼类和肉类。

自律

偶尔在晚间吃一些米面主食并不会对减糖生活造成影响。而人的忍耐力毕竟是有限度的，若想长期坚持减糖，关键是要制订一个能够支撑自己长期坚持下去的计划，比如每周可以在晚上吃两次米面。

减糖的关键在于对抗饥饿。

节食是通过极端的方式控制热量的摄取，而减糖则更加重视控制糖分的摄入。只要经过正确的筛选，我们就可以放心地享用点心零食。

学会这些，实现点心自由！

点心好选择——根菜类蔬菜

这里要特别推荐的是红薯。

像红薯这类根菜类蔬菜，虽然含有一些糖分，但也富含膳食纤维。蒸熟的红薯作为闲时小零食，是代替蛋糕和饼干的明智之选。

芝士就是力量

芝士不仅脂肪含量高，同时其热量也不容小觑，但是芝士中的糖分含量却很低。不仅如此，芝士中还富含钙元素，可谓营养丰富。搭配豆渣粉制成的芝士蛋糕，更是十分美味。

多吃坚果

坚果可谓是减糖利器。像核桃、杏仁、榛子、夏威夷果、巴西栗、碧根果这类坚果都含有丰富的维生素和矿物质，同时还含有优质的膳食纤维和脂肪，而它们所含的糖分却都很低。

但也有例外。需要注意的是像腰果或者经过加工调味的零食类坚果，它们的糖分含量就很高了。以大约 10 颗坚果为单位计算，核桃所含糖分是 0.42g；夏威夷果所含糖分是 0.6g；杏仁所含糖分则是 1.97g。可与此相对的是，开心果所含糖分是 11.7g；腰果则足足含有糖分 27g。

灵活利用商超便利店

现在的超市、便利店里也上架了一些相对低糖的零食。比如说用麸皮（小麦磨取面粉后筛下的种皮）和坚果制成的黄豆蛋白棒、麦麸饼干等。除此之外，还可以试试无糖巧克力等。

要想吃点儿咸味零食，还可以吃一些卤蛋或者鱿鱼丝。

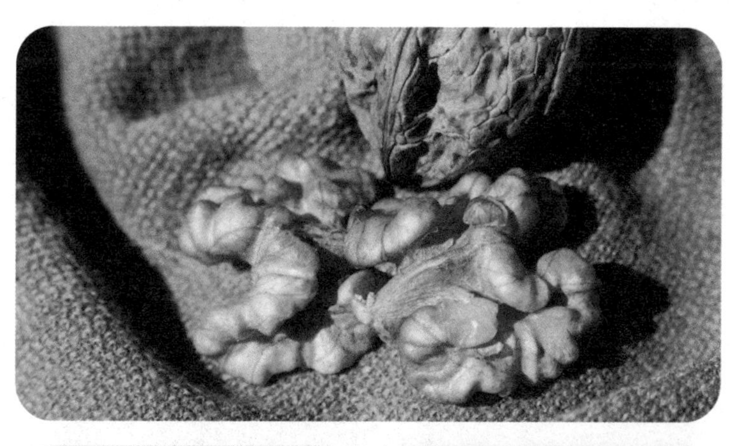

减糖，还要学会挑选饮品！

多喝气泡水，还有番茄汁和豆浆

气泡水中的二氧化碳可以将胃撑开，让你更快地产生饱腹感。在饭前饮用大量的气泡水，可以更高效地减少饮食量。

除了饮用气泡水，豆浆或番茄汁也是不错的选择。

喝酒也要有讲究。

吃饭讲究的是开心。若是能在用餐时小酌一杯，那自然再好不过。可为了减糖，选酒也要下一番功夫。

其实，适量饮酒反而可以降低第二天的血糖含量。

如果选择饮用葡萄酒，无论是红葡萄酒还是白葡萄酒都可以。100mL 红葡萄酒中所含糖分是 1.5g，白葡萄酒所含糖分是 2g，而玫瑰红葡萄酒

则含有 4g 的糖分。相比之下，口感偏辣的酒所含糖分更少。

日本烧酒、威士忌、白兰地和伏特加这类蒸馏酒都是无糖的。

除此之外，还可以选择一些无糖的啤酒。其实普通啤酒中所含糖分已经很低了。而气泡酒因为加入了玉米淀粉和大米作为酿造的原材料，所以含糖量很高。

另外，清酒、果酒和黄酒的含糖量很高，平时要少喝一些。

至于热量，因为酒精在体内会迅速地被消耗掉，所以实际上并没有在体内积累多少热量。

值得一提的是，白葡萄酒中含有丰富的钾，钾元素具有利尿的功效。不仅如此，白葡萄酒中还含有一种被称作“酒石酸”的有机酸，它可以消灭肠道中的有害细菌，从而调节肠道环境。

减糖更要减调料，享受低糖调味的一餐

调味料也可以控制你的血糖含量。比如橄榄油、蛋黄酱、黄油、鲜奶油等都属于低糖调味料。

盐、酱油和醋等调料中的含糖量也很低，尤其是醋，它可以抑制糖分的吸收，从而减缓血糖的上升。在烹饪时，我们可以用高汤提鲜，或是用醋、酱油和盐来调出浓郁的口感，都会增强我们享用美食时的快乐体验。

除此之外，加入柚子胡椒、辣椒面、豆瓣酱这类与众不同的调味料，也是提升口感的绝佳方法。

无油沙拉酱也不一定健康

看似健康的无油沙拉酱其实更值得我们留心。为了更加美味，这种无油沙拉酱中会加入甜味的调料，使其含有较高的糖分。

还有蜂蜜、寿司醋、韩国辣酱、甜酱、辣酱油等调味品，都含有一定量的糖，而日式咖喱块等含有小麦成分的调味品中大多也含有糖分。

对 号 入 座

对抗“宅家胖”，你该采取哪种方式？

我们简单归纳了四类原因，并制作了一份小测试，各位读者可以通过对号入座的方式进行排查。

A型

- □ 除了早中晚三餐，平时还想吃一些甜食
- □ 经常为了一点儿小事就烦躁发火
- □ 浑身乏累，容易疲劳
- □ 手脚发冷
- □ 经常被各种期限所迫，忙得不可开交

B型

- □ 懒得活动
- □ 在黄昏和晚间容易感到疲劳
- □ 家里东西摆放得到处都是
- □ 上个楼梯都会感觉气短
- □ 要扶着东西才能起身

C型

- □ 睡前喜欢玩手机
- □ 白天有时也会犯困
- □ 感觉皮肤粗糙
- □ 睡眠时间少于 7 个小时
- □ 经常冲澡，很少泡澡

D型

- □ 挑食
- □ 午饭经常吃饭团或是面条这类食物
- □ 有时会因为太忙而不吃饭
- □ 不喝茶不喝水，经常用果汁饮料解渴
- □ 每天晚上都喝酒

诊断结果见下页

以上就是全部测试内容。请根据自己的实际情况作答，并分析自己属于哪种类型。

嗜甜如命的

压力依赖型

科学证明，压力大的人更容易发胖。

人体为了对抗压力，会分泌一种叫作“皮质醇”的激素。而当体内的皮质醇含量升高时，另一种被称作“快乐激素”的血清素含量就会降低。

血清素含量的降低会让我们更难以抵挡甜食的诱惑，更容易发胖。

为了保证体内血清素的充足分泌，要尽量在容易消化吸收的早餐时间多食用一些鸡胸肉、奶酪、豆制品、坚果、鸡蛋或香蕉。这些食品都富含色氨酸，而色氨酸则是合成血清素的重要原料。

【推荐食谱】
- 浇汁煎鸡肉
- 豆苗拌豆腐
- 柠檬香蕉酸奶

整天喊累的

缺乏运动型

缺乏运动会直接导致肌肉衰减、基础代谢放缓，进而诱发肥胖。对于上了年纪的人来说，缺乏运动还会让摔倒的风险增大，容易引发骨折。

蛋白质是生成肌肉的重要营养成分，为此，我们要特别重视对蛋白质的摄取。像豆制品（特别是纳豆）、肉类（特别是鸡肉）、金枪鱼、三文鱼、鲣鱼、鸡蛋等富含蛋白质同时含糖量又很低的食物，要灵活地去选择和摄取。

总是感觉不痛快……
睡眠不足型

食欲受到瘦蛋白（抑制食欲的激素）和胃饥饿素（刺激食欲的激素）这两种激素的控制。实验研究表明，如果睡眠持续不足，抑制食欲的瘦蛋白就会减少分泌，而刺激食欲的胃饥饿素的分泌则会增多。

也就是说，睡眠不足会极大地增加人的空腹感，进而引起暴饮暴食，最终摄入过多的能量。

甘氨酸是一种氨基酸。研究表明，摄入甘氨酸可以有效缓解起床时的疲劳感，改善睡眠质量。虾、扇贝、墨鱼、螃蟹、金枪鱼等水产品不仅富含甘氨酸，还可以让菜肴更鲜美。想要提高睡眠质量，我们不妨先从甘氨酸的摄取入手。

【推荐食谱】
- ◆ 自制鲜虾河粉
- ◆ 生拌金枪鱼
- ◆ 墨鱼拌前胡

不知不觉就挑食的 营养失衡型

一旦觉得下厨麻烦，一些人就会懒得花时间处理食材，特别是蔬菜，转而去选择一些容易烹饪的菜式。蔬菜的摄入量不断减少，最终导致营养失衡。

但缺什么就要补什么。我们可以去尝试制作一些沙拉和浇汁蔬菜，既方便又美味。

为此，本书中特别准备了一些短时间内就可以烹饪完成的食谱，并加以标注。

既然不想动弹，那就索性选择一些简单好烹饪的食谱来做做看吧。

【推荐食谱】

第一部分

主食

【米饭、面包、面条、煎饼】

既然要减糖，那米饭、面包、

面条、煎饼这类主食都不能吃了吗?

答案是否定的。

这些食物的含糖量固然很高，但如果肯在烹饪上开动脑筋，

那么也可以减少我们对糖分的摄入。

要有多大的勇气，才能通过戒掉主食来减糖呢?

减糖的诀窍，不在于戒掉米面，而在于合理摄取、灵活饮食。

糖分
25.6g
热量
925kJ

用豆腐增加分量，一碗就管饱!

中式豆腐盖饭

10 分钟以内　20 元以内　平底锅烹饪

材料（1 人分量）

豆腐：100g；
白菜：1/3 棵（30g）；
胡萝卜：1cm（10g）；
金针菇：1/3 袋（30g）；
香油：半小匙（2g）；
水：3/4 杯（130mL）；
鸡精：半小匙（1g）；
蚝油：半大匙（8g）；
淀粉：1 小匙（4g），
以适量水（4mL）稀释；
米饭：50g；
粗磨黑胡椒：少许

烹饪方法

1. 将豆腐控去水分，捣碎。
2. 将白菜切粗丝，胡萝卜切细丝，金针菇切成 3cm 左右长的小段。
3. 平底锅放香油烧热，放入步骤 2 中切好的食材炒香，加水、鸡精、蚝油调味，最后加入调好的水淀粉勾芡。
4. 将步骤 1 中的碎豆腐装盘，盖上米饭，再将步骤 3 中炒好的食材盖在米饭上，最后撒上粗磨黑胡椒。

小贴士

加入豆腐，不仅可以减少热量的摄取，还能增加分量！用淀粉勾芡还可以进一步增加饱腹感。减糖不必戒饭，要灵活调整，巧妙搭配。

糖分
31.6g
热量
1093kJ

一口暖身心，补充蔬菜营养的韩式料理

韩式鸡蛋汤饭

10 分钟以内　10 元以内

材料（1 人分量）

竹笋：10g；
香菇：1 枚（10g）；
胡萝卜：1cm（8g）；
小菘菜：20g；
香油：半小匙（1g）；
鸡肉馅：30g；
酱油：1 小匙（3g）；
水：1 杯半（300mL）；
鸡精：1 小匙（2g）；
蒜泥：适量（0.5g）；
蚝油：半小匙（2g）；
大葱：4cm（8g）；
鸡蛋：半个（25g）；
米饭：80g；
辣椒丝：少许

烹饪方法

1. 竹笋、香菇、胡萝卜切丝；小菘菜切成 2cm 长的小段后焯水。
2. 锅中放香油烧热，加入鸡肉馅。鸡肉馅过油时加入酱油调味。将水、鸡精、蒜泥、蚝油放入锅中，待水煮沸后再加入步骤 1 中的食材和小段葱花。再加入打好的鸡蛋，搅拌成蛋花。
3. 将温热的米饭装碗，将步骤 2 中做好的食材浇在上面，再加以辣椒丝点缀。

小贴士

无论是宿醉后产生不适，还是食欲不振，都可以用这份韩式鸡蛋汤饭温暖自己的胃。原本这道菜的汤底是有些辣的，但我们通过加入鸡肉馅中和了味道，所以即便是孩子也可以放心食用。

糖分
52.2g

热量
1624kJ

好看又美味的精致美食

缤纷寿司

15 分钟以内　20 元以内

材料（1 人分量）

胡萝卜：3cm（30g）；
芦笋：1 根（15g）；
玉米笋：1 根（15g）；
猪梅花肉：切片（50g）；
淀粉：适量；
Ⓐ 甜料酒：1 小匙（5g）；
Ⓐ 酱油：半大匙（8g）；
寿司海苔片：1 张（3g）；
米饭：130g

烹饪方法

1. 胡萝卜切丝后用微波炉加热 1 分钟。芦笋和玉米笋焯水。
2. 将步骤 1 中的食材用猪梅花肉片卷好，裹上淀粉后放入平底锅煎制。在快要煎熟时加入材料 A 调味。
3. 在寿司海苔片上铺好米饭，将步骤 2 中做好的猪肉卷放在米饭上卷好，切段。

小贴士　猪肉片卷好后加入淀粉煎制，可以使其卷得更加紧实。猪肉中卷的蔬菜可以根据个人喜好改换。这道菜无论是宴请好友还是当作便当外带，都是不二之选。

糖分
55.8g

热量
1432kJ

不仅是“苦夏”克星，还可以延缓衰老

帝王菜盖饭

5 分钟以内　10 元以内

材料（1 人分量）

帝王菜：50g；
鹌鹑蛋：1 个；
纳豆：半盒（25g）；
酱油：1 小匙（6g）；
米饭：150g；
白芝麻：适量（0.3g）；
海苔：适量（0.3g）；
木鱼花：适量（0.5g）

烹饪方法

1. 将帝王菜快焯后过冷水，用菜刀剁碎至发黏。
2. 将步骤 1 中处理好的食材放入碗中，加入鹌鹑蛋蛋清、纳豆、酱油并拌匀。
3. 将米饭盛到沙拉碗中，将步骤 2 中处理好的食材铺在米饭上，并将鹌鹑蛋蛋黄放在正中央，撒上白芝麻、海苔和木鱼花即可。

小贴士

活性氧是细胞老化的罪魁祸首。而帝王菜中则含有丰富的抗氧化营养素，是抗氧化维生素含量最高的蔬菜之一，其中就包括具有代表性的维生素 A、维生素 C 和维生素 E。同时，它还能保护肌肤，对抗色斑、皱纹和肌肤干燥。简直就是蔬菜中的“抗老化专家”。

糖分
15.8g

热量
477kJ

与红酒绝配的减糖小菜

芝士烤法棍

10 分钟以内　20 元以内

材料（1 人分量）

法棍面包：4cm（25g）；
圣女果：2 个；
柠檬：8g；
紫皮洋葱：适量（3g）；
罗勒：适量（1g）；
橄榄油：1 小匙（3g）；
盐：少许；
胡椒：少许；
茅屋芝士：1 小匙（4g）

烹饪方法

1. 将法棍切成适合入口的小块，用烤盘烤至微焦。
2. 将圣女果切成两半，柠檬、紫皮洋葱切片，将罗勒叶撕下。
3. 将步骤 2 中的食材放入沙拉碗中，加入橄榄油后迅速搅拌，再加入步骤 1 中做好的法棍，进一步混合，再佐以盐和胡椒，装盘，撒上茅屋芝士。

小贴士

茅屋芝士几乎没有腥膻味，同时又具有清爽的酸度。茅屋芝士中含有丰富的蛋白质，最适合减肥期间食用。

糖分
42.1g
热量
1226kJ

酸奶的甜味隐藏在面包的香气之中

土豆沙拉三明治

5 分钟以内　20 元以内

材料（1 人分量）

日式土豆沙拉：40g；
酸奶：1 大匙（15g）；
杂豆：20g；
芦笋：1 根（20g）；
盐：少许；
橄榄油：半小匙（2g）；
切片面包：1 片（60g）；
番茄：1/4 个（40g）；
粗磨黑胡椒：少许

烹饪方法

1. 将日式土豆沙拉、酸奶和杂豆放入沙拉碗中搅拌。
2. 将芦笋快速焯水，用刨丝器擦成片状，随后将盐、橄榄油和芦笋片混合在一起。
3. 在烤好的面包片上放入切成薄片的番茄，再放入步骤 1 中处理好的食材，随后再放上步骤 2 中处理好的食材，最后加以粗磨黑胡椒点缀。

小贴士 制作这种单片面包三明治，既省时省力，又好看好吃。芦笋用刨丝器擦成片之后，更加爽滑入口，极大地提升了口感。

糖分
31.7g
热量
1000kJ

含有丰富蔬菜的三明治，营养均衡

胡萝卜鸡肉三明治

15 分钟以内　20 元以内

材料（1 人分量）

即食鸡胸肉：30g；
胡萝卜：3cm（30g）；
糖：半小匙（1g）；
醋：半小匙（3g）；
柠檬汁：半小匙（3g）；
紫甘蓝：30g；
蛋黄酱：1 小匙（4g）；
切片面包：1 块（60g）；
生菜：1 片（60g）

烹饪方法

1. 将鸡胸肉揉搓开。
2. 将胡萝卜切丝，加入糖、醋、柠檬汁后拌匀，放入冰箱冷藏。
3. 将紫甘蓝切丝，加入蛋黄酱拌匀。
4. 烤制面包片。
5. 用烤好的面包将步骤 1、2、3 中处理好的食材和生菜一并包好即可。

小贴士

三明治的一大优点就是烹饪简单，只需要将肉或者蔬菜等各种食材简单地组合在一起就可以了。用保鲜膜包好之后即可方便外带，作为午餐便当也十分合适。鸡胸肉更加适合在运动后食用。

糖分
3.4g
热量
218kJ

只需一口锅就可以完成的超简单料理

自制鲜虾河粉

10 分钟以内　20 元以内

材料（1 人分量）

韭菜：4cm（4g）；
洋葱：10g；
卷心菜：15g；
圣女果：2 个；
越南米纸：半片（5g）；
水：1 杯（200mL）；
鸡精：1 小匙（3g）；
干虾仁：20g；
鱼露：半小匙（3g）；
柠檬：10g

烹饪方法

1. 将韭菜切成 4cm 长的小段，洋葱切成薄片，卷心菜切成粗丝，圣女果切成两半。
2. 将越南米纸切成 1 厘米宽的细条。
3. 在锅中加入水和味精，加热至沸腾后加入洋葱、卷心菜和干虾仁煮一下。
4. 待锅中蔬菜煮至蔫软后，加入韭菜、圣女果、米纸细条、鱼露，关火。
5. 装盘，将切成月牙形的柠檬放上做点缀（食用时请将柠檬汁挤在碗里）。

小贴士

韭菜的营养十分丰富，包括大量的 β-胡萝卜素。这道菜不仅可以恢复精力，其诱人的香气更能够增加人的食欲。

糖分
4.1g
热量
599kJ

鲜奶油带来的美味爽滑口感

鳕鱼籽拌面

10 分钟以内　20 元以内

材料（1 人分量）

零糖面条：2/3 袋（120g）；
洋葱：20g；
胡萝卜：1cm（6g）；
豆苗：30g；
植物性鲜奶油：1 大匙（20mL）；
低脂牛奶：1/4 杯（40mL）；
鳕鱼籽：10g；
白胡椒：少许；
日式白酱油：1 小匙（4g）

烹饪方法

1. 将煮熟的零糖面条沥干水分。
2. 将洋葱和胡萝卜切丝，豆苗切成 3cm 长的小段，快速焯水。
3. 在平底锅中加入鲜奶油、牛奶，小火煮至黏稠后加入揉碎的鳕鱼籽，随后加入零糖面条和步骤 2 中处理好的食材，混合搅拌。
4. 加入白胡椒和白酱油调味，装盘。

小贴士

鳕鱼籽虽然富含蛋白质、维生素和矿物质，但同时也含有大量的盐分。加入鲜奶油和牛奶就是为了中和盐分，防止摄取过量的盐分。

糖分
24.9g

热量
1030kJ

与众不同的拌面新创意

轻食纳豆拌面

5 分钟以内　20 元以内

材料（1 人分量）

黄瓜：6cm（30g）；
大葱：2cm（4g）；
辣白菜：50g；
纳豆：1 盒（50g）；
香油：半小匙（2g）；
挂面：25g；
白芝麻：适量（0.5g）；
辣椒丝：少许

烹饪方法

1. 烧开一锅水。
2. 将黄瓜切碎丁，大葱切末，辣白菜切成适合入口的大小。
3. 将辣白菜、纳豆、黄瓜、葱末与香油混合，搅拌。
4. 挂面煮好后过冷筛，装盘。在挂面上放入步骤 3 中处理好的食材，以白芝麻、辣椒丝来做点缀。

小贴士

纳豆是知名的养生食品。纳豆中含有一种叫作纳豆激酶的酵素，可以溶解血栓，同时还有调理肠胃、提高免疫力的功效。

糖分
42.4g

热量
1126kJ

清爽筋道，满分口感

金枪鱼茄子凉面

10 分钟以内　20 元以内

材料（1 人分量）

茄子：半个（50g）；
番茄：半个（70g）；
盐水金枪鱼罐头：30g；
淡口酱油：2 小匙（10g）；
生姜泥：适量（2g）；
橄榄油：1 小匙（3g）；
挂面：50g；
紫苏叶：一片（0.5g）；
柠檬汁：1 小匙（3g）

烹饪方法

1. 将茄子放烤架上烤熟，剥皮切块。番茄用热水烫过后放入冷水中剥皮，切成三等份。
2. 在沙拉碗中放入步骤 1 中处理好的食材，再加入金枪鱼、淡口酱油、生姜泥和橄榄油，混合后放入冰箱中冷藏。
3. 挂面煮好过冷筛，装盘。随后在挂面上放入步骤 2 中处理好的食材，再加以切丝紫苏叶点缀，最后将柠檬汁均匀地洒在上面。

小贴士 将番茄用热水烫过后去皮，会让其口感变得更好。先在番茄上浅浅地切一个十字口，之后放入热水中，等到番茄皮起皱后迅速捞出放入冷水中，沿着番茄皮翘起的地方就能轻松地将皮剥下。

糖分
36.1g
热量
1465kJ

番茄配上纳豆，缓解内脏疲劳，恢复肠道活力

纳豆番茄麻辣意大利面

15 分钟以内　20 元以内

材料（1 人分量）

洋葱：40g；
色拉油：半小匙（2g）；
鸡肉馅：30g；
番茄罐头：80g；
日式面条蘸汁（2 倍浓缩）：2 小匙（10g）；
纳豆：1 盒（40g）；
纳豆调味汁：1 袋；
甜辣酱：1 小匙（4g）；
干制意大利面：40g；
欧芹粉：少许

烹饪方法

1. 将洋葱切丝，用微波炉加热（500W 功率加热 20~30 秒即可）。
2. 在平底锅中加入色拉油烧热，加入鸡肉馅翻炒。
3. 在步骤 2 的基础上，加入步骤 1 中处理好的洋葱、番茄罐头、面条蘸汁，炒香后关火，再加入纳豆、纳豆蘸汁、甜辣酱搅拌混合。
4. 锅中加水煮沸，放入意大利面煮熟（不要放盐）。
5. 将意大利面捞出装盘，盖上步骤 3 中处理好的食材，撒上少许欧芹粉。

小贴士

据说番茄中含有的番茄红素的抗氧化能力相当于维生素 E 的 100 倍，被称作“身体的清洁工”。这道食谱选用的是切好块儿的番茄制成的罐头，方便烹饪。

糖分
23.0g

热量
946kJ

韩式料理和西餐的结合

韩式奶酪熏肉煎饼

10 分钟以内　20 元以内　平底锅烹饪

材料（1 人分量）

培根：8g；
大葱：7cm（15g）；
番茄干：15g；
罗勒：适量（1g）；
碎芝士：5g；
面粉：2 大匙（15g）；
淀粉：2 小匙（5g）；
水：2 大匙（25mL）；
鸡蛋：半个（15g）；
橄榄油：1 小匙（3g）；
欧芹：适量（0.1g）；
帕尔马干酪：半小匙（1g）

烹饪方法

1. 将培根切丁，大葱切丝，番茄干切末，罗勒切丝，全部放入沙拉碗中。
2. 沙拉碗中放入帕尔马干酪、面粉、淀粉、水、鸡蛋，混合搅拌。
3. 平底锅刷上橄榄油，将步骤 2 中处理好的食材倒入，用小火煎至两面金黄。
4. 将煎好的煎饼切成适合入口的小块，装盘，撒上欧芹和碎芝士点缀。

小贴士

韩式煎饼与培根、芝士这类的西餐食材绝配。在这道菜中，培根的咸味与芝士、番茄干的酸味也是相得益彰。

糖分
4.8g

热量
762kJ

中西结合的美味佳肴

老北京鸡肉卷

10 分钟以内　20 元以内

材料（1 人分量）

墨西哥玉米饼：1 张（30g）；
大葱：2cm（5g）；
黄瓜：1cm（7g）；
萝卜苗：2g；
鸡腿肉：35g；
甜面酱：1 小匙（8g）；
甜料酒：半小匙（3g）；
酱油：半小匙（2g）；
生菜叶：3g

烹饪方法

1. 将墨西哥玉米饼放到平底锅上煎至两面微黄。
2. 大葱取葱白切丝，黄瓜切丝，萝卜苗切成适合入口的小段。
3. 将鸡腿肉切片，焯水。
4. 在沙拉碗中加入甜面酱、甜料酒、酱油，将其混合搅拌制成酱汁。
5. 玉米饼装盘，放上生菜叶，并依次放入步骤 3、4、2 中处理好的食材。

这是一道只要有玉米饼就能直接烹饪，哪怕是头一次下厨也十分适合练手的美食。在各大超市也经常能看到这种墨西哥玉米饼上架，买一些回来，就能快速上手。

糖分
27.9g

热量
917kJ

佐以萝卜泥的清爽风味

韩式梅干紫苏煎饼

10 分钟以内　10 元以内　平底锅烹饪

材料（1 人分量）

日式梅肉：半大匙（8g）；
紫苏叶：2 片（1g）；
萝卜：少许（7g）；
橙醋酱油：1 小匙（5g）；
面粉：2 大匙（20g）；
淀粉：1 大匙（10g）；
鸡蛋：半个（10g）；
盐：少许；
水：2 大匙（25mL）；
白芝麻：适量（1g）；
纳豆：半盒（20g）；
香油：1 小匙（3g）

烹饪方法

1. 将梅肉拍碎，紫苏叶切丝。
2. 将萝卜制成萝卜泥，与橙醋酱油混合。
3. 在沙拉碗中加入面粉、淀粉、鸡蛋、盐和水，搅拌混合，再放入步骤 1 中处理好的食材及白芝麻、纳豆，进一步混合。
4. 在平底锅中放入香油，将步骤 3 中的面糊倒入锅中摊成薄饼，用中火加热，等到边缘烙干后翻面，直至两面金黄后取出，切成适合入口的小块。
5. 将切好的煎饼装盘，撒上步骤 2 中处理好的食材。

萝卜泥和梅肉可以让煎饼的口感更为清爽，作为下酒菜最好不过。调制好面糊后，静置 10 分钟再进行烹饪，会让煎饼更加筋道有嚼劲。

第二部分

主菜

【肉类】

“肉里都是脂肪，不健康。”“蔬菜就是最好的食材，
鱼肉也要少吃点儿。”
这样的看法其实都是对减糖饮食的误解。
出乎意料的是，肉类中所含的糖分非常低，尤其是鸡肉，
最推荐食用。
当然，本书中也准备了有关猪肉和牛肉的菜谱。
只要合理膳食，控制好脂肪的摄入量，
那么肉类也会成为减糖的好帮手。

糖分
3.2g
热量
511kJ

焦香鸡肉搭配浓厚酱汁，糖分仅有 3.2g

浇汁煎鸡肉

10 分钟以内　20 元以内　可冷藏

材料（1 人分量）

去皮鸡腿肉：50g；
2 小匙清酒分成两份：一份 5g，一份 4g；
白胡椒：少许；
色拉油：1 小匙（3g）；
豆苗：30g；
胡萝卜：1cm（10g）；
日式白酱油：半小匙（2g）；
芥末：适量（1g）；
大葱：2cm（4g）；
日式白味噌：半小匙（4g）；
酱油：半小匙（1g）

烹饪方法

1. 将鸡腿肉剖开，放入 5g 清酒和白酱油，腌制入味。平底锅中倒入色拉油，将腌好的鸡腿肉放入，煎制两面金黄后取出，切成薄片。
2. 将豆苗切成适合入口的小段，胡萝卜切丝，用热水烫一下。
3. 沙拉碗中放入白酱油、芥末，加以混合。再放入步骤 2 中处理好的食材，进一步混合。
4. 取一只新碗，放入切好的葱末、白味噌、4g 清酒和酱油，搅拌混合。
5. 将步骤 3 中处理好的食材装盘，上面铺上煎好的鸡腿肉，再放入步骤 4 中处理好的酱汁。

小贴士
清淡的鸡腿肉与浓厚的酱汁搭配甚佳。再加入一些豆苗和胡萝卜，既能保证对蔬菜的摄取，还可以获得充分的口感。

糖分
5.1g
热量
440kJ

鲣鱼高汤带来的暖心口感

日式莲白肉卷

15 分钟以内　20 元以内

材料（1 人分量）

卷心菜：30g；
灰树花：6g；
紫苏叶：2 片（1g）；
鸡肉馅：40g；
盐：少许；
鲣鱼高汤：半杯（120mL）；
甜料酒：1 小匙（5g）；
酱油：1 小匙（5g）；
淀粉：1 小匙（2g）；
水：适量（2mL）

烹饪方法

1. 将卷心菜叶上较厚的部分削去，放入开水中烫到发软。
2. 将灰树花和紫苏叶切末。
3. 在沙拉碗中放入鸡肉馅及步骤 2 中处理好的食材和盐，混合搅拌。
4. 用卷心菜叶将步骤 3 中搅好的肉馅卷起来，卷好后用牙签串好防止展开，将其放至沸水中煮透。
5. 往锅中倒入鲣鱼高汤，加入盐、甜料酒、酱油后加热，加入水淀粉勾芡，再放入卷心菜卷炖煮片刻，出锅装盘。

小贴士 紫苏叶不仅可以提味增香，还含有丰富的维生素。特别是 β- 胡萝卜素含量，更是力压其他蔬菜！β- 胡萝卜素可以保护皮肤和黏膜，提高身体抵抗力。

糖分
8.2g
热量
1080kJ

肉卷人人爱，便当好配菜

麻酱秋葵肉卷

15 分钟以内　20 元以内　可冷藏

材料（1 人分量）

秋葵：2 根；
胡萝卜：1cm（12g）；
猪里脊：50g；
芝麻酱：1 小匙（6g）；
淀粉：2 小匙（5g）；
色拉油：1 小匙（5g）；
橙醋酱油：1 小匙（5g）；
甜料酒：1 小匙（5g）

烹饪方法

1. 将秋葵去蒂焯水，胡萝卜切条焯水。
2. 将里脊肉片叠铺在一起，上面抹上芝麻酱，放入秋葵、胡萝卜，卷成肉卷。
3. 在肉卷表面涂上淀粉，在平底锅中倒入色拉油烧热，放入肉卷煎熟。然后用厨房纸巾擦去肉卷上多余的油脂。
4. 将橙醋酱油和甜料酒混合，倒入平底锅中，让肉卷充分吸收酱汁后取出，切成适合入口的小块，装盘。

小贴士

这道菜的优势就在于食材搭配简单容易。芝麻酱的加入使不同食材之间相辅相成，营养物质更容易被身体吸收。

糖分
5.0g
热量
347kJ

简单快速地摄取蛋白质

鸡肉豆奶汤

10 分钟以内　20 元以内　可冷藏

材料（1 人分量）

去皮鸡腿肉：35g；
白菜：15g；
灰树花：15g；
香菇：1 个（10g）；
鲣鱼高汤：半杯（85mL）；
甜料酒：1 小匙（8g）；
酱油：半小匙（2g）；
盐：少许；
豆奶：1 大匙（15mL）；
橙皮：适量（3g）；
京水菜：8g

烹饪方法

1. 鸡腿肉和白菜切成适合入口的小块，快速地用热水烫一遍。
2. 灰树花和香菇切成适合入口的小块，放在烤网上炙烤。
3. 在锅中加入鲣鱼高汤、甜料酒、酱油、盐、热豆奶及步骤 1 和 2 中处理好的食材，炖煮至鸡腿肉熟透。
4. 从锅中倒出装盘，撒上橙皮和切成小段的京水菜。

小贴士

豆奶中所含有的植物蛋白可以减缓身体的吸收速度。如此一来，就更容易有饱腹感，从而减少食量，有助于减肥。豆奶有一种独特的魅力，即便是高温加热之后，营养物质也几乎没有发生任何变化。

糖分
6.9g
热量
519kJ

爽脆口感，独具魅力

意式炸藕盒

15 分钟以内 | 20 元以内 | 可冷冻 | 平底锅烹饪

材料（1 人分量）

鸡肉馅：20g；
洋葱：5g；
蟹味菇：5g；
盐：少许；
胡椒粉：少许；
莲藕：35g；
面粉：适量（1g）；
鸡蛋：半个（12g）；
橄榄油：1 小匙（3g）；
生菜：5g；
柠檬：10g；
香芹：适量（1g）；
帕尔马干酪：半小匙（1g）

烹饪方法

1. 将洋葱切末，与蟹味菇、盐、胡椒粉、鸡肉馅混合搅拌。
2. 将莲藕切成 0.5cm 左右厚度的藕片，加入步骤 1 中处理好的鸡肉馅，放上用面粉、盐、胡椒粉制成的面糊。平底锅放入橄榄油，煎制藕盒。
3. 盘中放上生菜叶，将炸好的藕盒放在生菜叶上，撒上柠檬、香芹和帕尔马干酪。

小贴士 在意大利，有一种将肉或鱼切成薄片，再裹上鸡蛋和面粉煎制而成的料理。这次的食谱在此基础上，将食材从单一的肉变成了藕盒，进一步提升了口感。

糖分
1.3g
热量
963kJ

低脂又低糖，好吃不发胖

凉拌肥牛

5 分钟以内　20 元以内　可冷藏

材料（1 人分量）

牛五花肉：30g；
白萝卜：1cm（20g）；
紫苏叶：4 片（2g）；
豆苗：10g；
橄榄油：1 大匙（10g）；
盐：少许；
胡椒粉：少许；
红胡椒：少许；
意式葡萄醋：半小匙（3g）

烹饪方法

1. 牛五花肉快焯过冷水，洗去血水。
2. 白萝卜去皮切丝，紫苏叶切成大块，豆苗快焯过冷水，沥干水分。
3. 将步骤 1、步骤 2 中处理好的食材放入沙拉碗中，加入橄榄油、盐、胡椒粉、红胡椒、葡萄醋，拌好装盘。

小贴士

牛五花肉味道鲜美、价格实惠，脂肪含量也恰到好处。焯过冷水可以脱去牛肉中的脂肪，令口感更清爽。

糖分
6.2g
热量
473kJ

温热浓汤，利口暖胃

灰树花炖鸡肉

10 分钟以内　20 元以内　可冷藏

材料（1 人分量）

去皮鸡腿肉：60g；
洋葱：1/3 个（60g）；
胡萝卜：1cm（10g）；
灰树花：30g；
水：1 杯（200mL）；
法式清汤：1 小匙（2g）；
酱油：半小匙（1g）；
粗磨黑胡椒：少许；
欧芹粉：少许

烹饪方法

1. 将鸡肉切成三等份，洋葱切成月牙形，胡萝卜切成半圆形，灰树花撕成条状。
2. 锅中放入水、法式清汤并加热，随后放入步骤 1 中处理好的食材，文火炖煮。
3. 煮至只剩一半汤时，加入酱油、粗磨黑胡椒调味，装盘，撒上欧芹粉点缀。

小贴士

灰树花中含有膳食纤维、烟酸和不溶性 β- 葡聚糖。β- 葡聚糖可以调节肠道、排毒。烟酸可以促进蛋白质、脂肪和碳水化合物的代谢。

糖分
9.5g
热量
490kJ

清爽而醉人的香气

清香凉拌鸡肉

20 元以内　可冷藏

材料（1 人分量）

生姜：半片（5g）；
大蒜：1/3 瓣（3g）；
大葱：5cm（10g）；
蘘荷：5g；
紫苏叶：2 片（1g）；
酱油：半小匙（3g）；
橙醋酱油：半小匙（3g）；
柠檬汁：半小匙（3g）；
去皮鸡胸肉：60g；
淀粉：2 小匙（6g）；
鲣鱼高汤：适量；
黄瓜：6cm（30g）；
圣女果：3 个；
柠檬：10g

烹饪方法

1. 将生姜、大蒜、大葱切末，蘘荷切丁，紫苏叶切丝。
2. 在沙拉碗中放入步骤 1 中切好的食材，再放入酱油、橙醋酱油、柠檬汁，搅拌混合。
3. 将鸡胸肉切开，用叉子扎些小洞，用淀粉沾满鸡肉表面。
4. 鲣鱼高汤倒入锅中加热至沸腾，放入步骤 3 中处理好的鸡肉，盖上锅盖，关火。等鸡肉烫熟后（约 20 分钟）取出，切成适当大小。
5. 将黄瓜用刨丝器刨成片状，将圣女果切成四等份小块。
6. 将鸡肉装盘，摆上步骤 5 中处理好的食材，淋上步骤 2 中的酱料，柠檬切成月牙状做点缀。

糖分
9.4g
热量
548kJ

繁忙主妇们的撒手锏

家常炒根菜

10 分钟以内　10 元以内　可冷藏

材料（1 人分量）

鸡肉馅：20g；
胡萝卜：1cm（10g）；
牛蒡：15cm（20g）；
藕：20g；
色拉油：1 小匙（3g）；
鲣鱼高汤：2 大匙（30mL）；
甜料酒：半小匙（4g）；
黄砂糖：1 小匙（2g）；
酱油：1 小匙（4g）；
白芝麻：适量（1g）；
香油：适量（1g）

烹饪方法

1. 锅中烧开水，将鸡肉馅放入并搅散，用笊篱捞出。
2. 将胡萝卜、牛蒡斜切成薄片，藕切成银杏叶状。在锅中倒入色拉油烧热，放入胡萝卜、牛蒡、藕、鸡肉馅快炒。
3. 开大火，倒入鲣鱼高汤、甜料酒、黄砂糖、酱油炝锅，关火，撒上白芝麻和香油，放入容器中保存。

小贴士 冰箱里常备一些成品菜，可以让日常的饮食生活更为轻松。而这些常备成品菜的制作，则需要积累各种各样的食谱，把它们应用到类似正餐或是便当、下酒菜等各种各样的情况下。

糖分
13.0g
热量
615kJ

仅需微波炉即可烹饪! 好看又好吃

生菜番茄鸡肉汤

20 元以内　可冷冻　微波炉烹饪

材料（1 人分量）

鸡胸肉：50g；
生菜：1/4 个；
淀粉：2 小匙（6g）；
清酒：半大匙（8g）；
盐：1/4 小匙（1g）；
胡椒粉：少许；
白葡萄酒：1 大匙（15mL）；
番茄：半个（75g）；
醋：1 大匙（15g）；
糖：1 小匙（3g）；
粗粒芥末：1 小匙（6g）

烹饪方法

1. 将鸡胸肉切成薄片（厚度 5~7mm）。
2. 生菜不要切掉根部，将其整个切成两半。
3. 鸡胸肉片撒上淀粉和清酒并抓揉，静置 8 分钟。
4. 将鸡胸肉夹在切好的生菜叶的缝隙中，再整个放入碗内，撒上盐、胡椒粉、白葡萄酒后用保鲜膜将碗封好。
5. 微波炉 600W 功率加热 8 分钟。
6. 番茄切成大块方丁，加入醋、糖、粗粒芥末及步骤 5 中加热后沙拉碗中的汤汁，混合搅拌。
7. 将步骤 6 中制成的酱汁浇在步骤 5 中做好的生菜夹肉馅上，再撒上胡椒即可完成。

小贴士 在生菜的叶片中间夹上鸡肉，不仅品相出众，而且口感也颇为迷人。因为只需微波炉就能简单搞定，所以也适合作为招待客人的快手菜。

糖分
17.3g
热量
707kJ

缤纷靓丽的越南生春卷，辣味是点睛之笔

辣味肉松生春卷

10 分钟以内　30 元以内

材料（1 人分量）

米饭：40g；
醋：1 小匙（4g）；
糖：半小匙（1g）；
白芝麻：适量（0.3g）；
鸡肉馅：25g；
韩式辣酱：适量（1g）；
蚝油：1 小匙（4g）；
黄辣椒：8g；
红辣椒：8g；
芜菁：12g；
紫苏叶：1 片（0.5g）；
越南米纸：1 片（10g）

烹饪方法

1. 将米饭放入沙拉碗中，加入醋、糖、白芝麻，混合制成醋米饭。
2. 锅中烧开水，把鸡肉放入锅中焯一下，撇去浮沫，捞出，沥干水分。将煮好的鸡肉馅放入沙拉碗中，加入韩式辣酱、蚝油拌匀。
3. 将红辣椒、黄辣椒、芜菁切丝，快速焯水，紫苏叶切丝。
4. 将米纸全部浸泡在温水中，待到稍微发硬后取出，将步骤 1 中制好的米饭平铺在上面。
5. 在平铺好的米饭上放入鸡肉馅、紫苏叶和焯好的红辣椒、黄辣椒、芜菁，再将全部食材卷成卷状，切成适合入口的小块，装盘。

第三部分

主菜

【海鲜类】

海鲜类食材是减糖膳食的最佳选择。

在本章介绍的几个菜谱中，

所含糖分大部分都在 3.0g 以下。

只需要烹饪调味，再搭配一些蔬菜，

就可以做出千变万化的料理，

同时又不会显得单调。

如此一来，就能给你每天的饮食生活增添一份乐趣。

糖分
0.8g
热量
481kJ

牛油果和金枪鱼的黄金组合

金枪鱼牛油果沙拉

5 分钟以内　20 元以内　可冷藏

材料（1 人分量）

金枪鱼：45g；
牛油果：15g；
蛋黄酱：1 小匙（4g）；
黄芥末：半小匙（3g）；
柠檬汁：适量（1g）；
盐：少许；
胡椒粉：少许；
萝卜苗：1g

烹饪方法

1. 将金枪鱼切成大块，放入沸水中焯熟，牛油果去皮，切成滚刀块。
2. 沙拉碗中放入金枪鱼、牛油果、蛋黄酱、黄芥末、柠檬汁、盐、胡椒粉、萝卜苗，拌匀后装盘。

小贴士

金枪鱼和牛油果都含有大量的维生素与矿物质，二者搭配，可以有效地促进这些营养物质的吸收。

糖分
1.0g
热量
465kJ

在家就能享受西餐厅的美味

芝士烤赤鲷

10 分钟以内　20 元以内　可冷藏

材料（1 人分量）

赤鲷：35g；
盐：少许；
胡椒粉：少许；
色拉油：1 小匙（3g）；
茅屋芝士：15g；
蛋黄：适量（3g）；
面包糠：1 小匙（1g）；
萝卜苗：适量（1g）；
莳萝：适量（1g）；
食用菊花：适量

烹饪方法

1. 将盐和胡椒粉撒在赤鲷鱼肉上，平底锅倒上色拉油，将鱼肉两面煎熟。
2. 在沙拉碗中放入茅屋芝士、蛋黄、面包糠、盐、胡椒粉，加以搅拌。
3. 将搅拌好的酱料倒在煎好的赤鲷鱼肉上，放入烤箱中以 200℃的温度烤制 5 分钟。
4. 装盘，将萝卜苗、莳萝、菊花撒在上面点缀。

小贴士　茅屋芝士是鲜芝士的一种，它含有较低的热量和脂肪，同时又富含蛋白质和 B 族维生素，是适合在运动后摄取的重要食材。

糖分
1.4g

热量
368kJ

不只是美味！营养还丰富

生拌金枪鱼

5 分钟以内　30 元以内

材料（1 人分量）

金枪鱼：40g；
洋葱：15g；
紫苏叶：1 片（0.5g）；
酱油：1 小匙（5g）；
大蒜：少许（0.5g）；
香油：半小匙（2g）；
白芝麻：适量（0.5g）；
鹌鹑蛋：1 个（8g）

烹饪方法

1. 将金枪鱼切成适合入口的小块，洋葱切成薄片，泡在水中，紫苏叶切丝。
2. 将酱油、大蒜、香油混合在一起。
3. 将步骤 1 和步骤 2 中处理好的食材拌在一起，装盘。撒上紫苏叶丝、白芝麻，在正中心打入一颗鹌鹑蛋即可。

小贴士

金枪鱼富含益脑的营养成分 DHA、预防心血管疾病的 EPA，抑制动脉硬化的牛磺酸，预防贫血的铁及优质的蛋白质、维生素、矿物质，是营养丰富的健康食材。

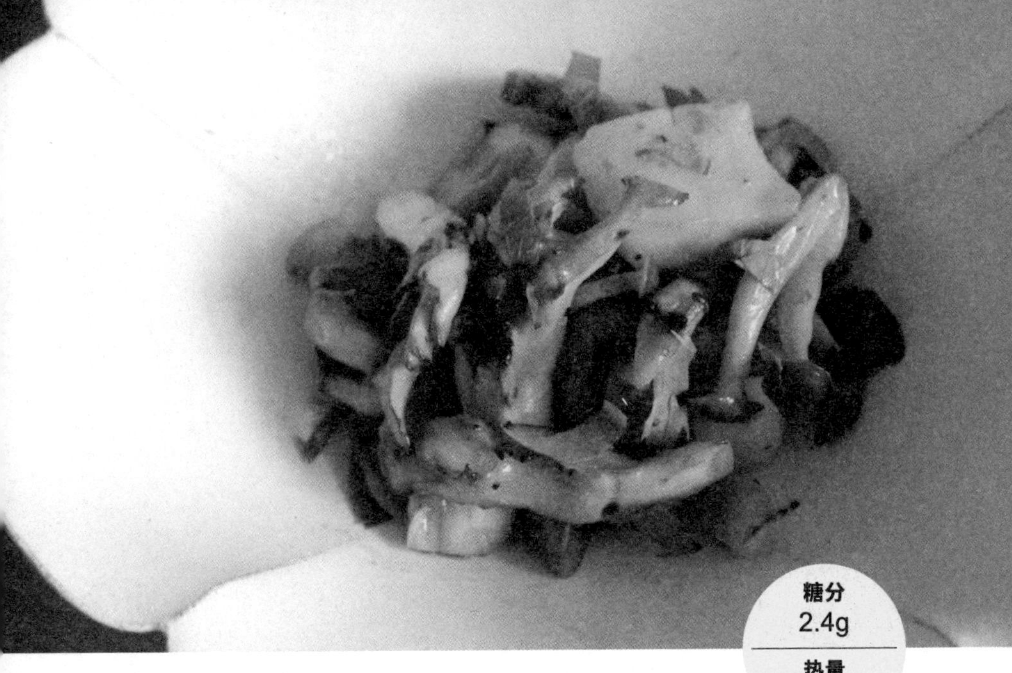

糖分
2.4g
热量
356kJ

享受出众口感的同时，又能轻松摄取膳食纤维

蒜香扇贝

5 分钟以内　20 元以内　可冷藏

材料（1 人分量）

蟹味菇：20g；
灰树花：20g；
洋菇：30g；
扇贝：1 个（40g）；
大蒜：半瓣（5g）；
香芹：少许（1g）；
橄榄油：1 小匙（4g）；
盐：少许；
胡椒粉：少许

烹饪方法

1. 蟹味菇、灰树花和洋菇去掉根部，用手将蟹味菇和灰树花撕开，洋菇用刀切成 1cm 左右的薄片，用烤盘烤制。
2. 将扇贝切成适合入口的小块，大蒜切片，将香芹的叶子切碎。
3. 在平底锅中加入橄榄油，开火加热，将大蒜放入炒至微焦。
4. 炒出蒜香后放入扇贝和菇类，加盐、胡椒粉调味，装盘。撒上香芹。

菌菇类食材用烤盘烤过后，会让其口感更为出色。这类食材含有较低的糖分，且富含膳食纤维。

糖分
2.5g
热量
247kJ

使用盐渍海苔的速食菜谱

凉拌比目鱼

30元以内 可冷藏

材料（1人分量）

比目鱼：半只（40g）；
盐渍海苔：5g；
生菜：1片（20g）；
胡萝卜：0.5cm（5g）；
橙醋：1小匙（5g）；
小葱：1根（5g）

烹饪方法

1. 将比目鱼切成适合入口的小块，将盐渍海苔和比目鱼混合在一起，放入冰箱中冷藏30分钟。
2. 将生菜、胡萝卜切丝。
3. 将生菜丝和胡萝卜丝装盘，将冷藏好的比目鱼拌上橙醋放在上面，撒上小葱末来做点缀。

小贴士

海苔中含有丰富的维生素、矿物质和膳食纤维。不仅如此，海苔还富含水溶性膳食纤维褐藻糖胶和褐藻酸，这两种营养物质具有调节胆固醇和血压等功效。

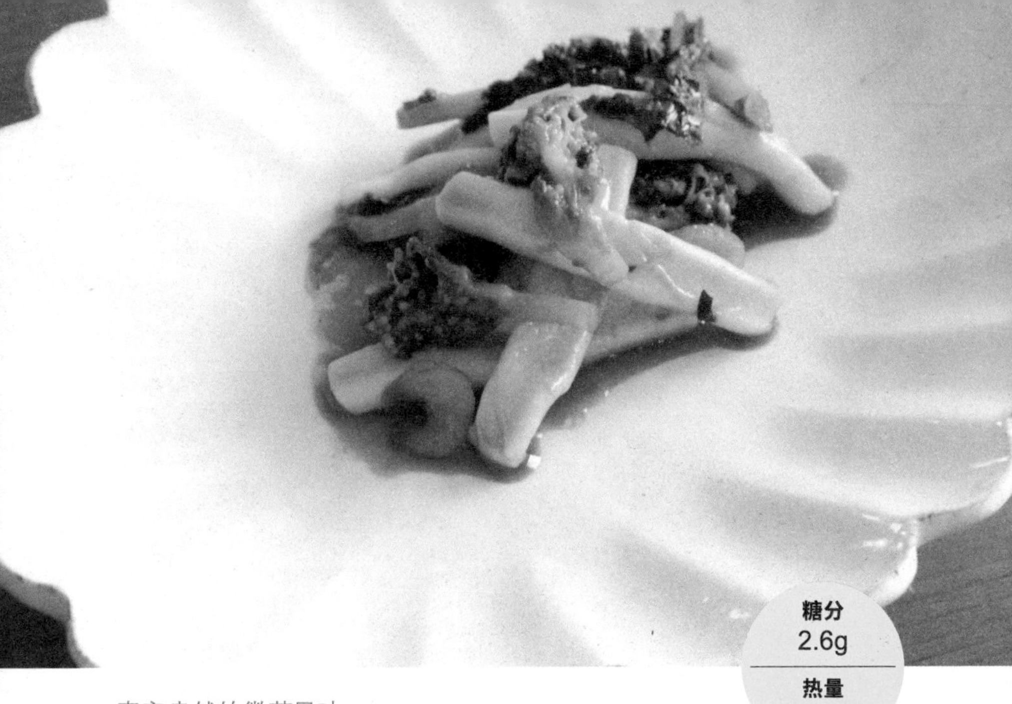

糖分
2.6g

热量
318kJ

春意盎然的微苦风味

墨鱼炒油菜花

10 分钟以内　20 元以内　可冷藏

材料（1 人分量）

墨鱼：25g；
油菜花：15g；
蚝油：半小匙（3g）；
酱油：半小匙（1g）；
甜料酒：半小匙（1g）；
糖：半小匙（1g）；
色拉油：1 小匙（3g）；
大蒜：1/4 瓣（2g）；
干辣椒：少许；
香油：半小匙（1g）

烹饪方法

1. 将墨鱼去皮，轻轻地切成长条形，油菜花按照墨鱼的长度切成段。
2. 锅中烧开水，将墨鱼和油菜花快速焯水。
3. 沙拉碗中放入蚝油、酱油、甜料酒、糖，加以混合。
4. 将色拉油倒入平底锅中，放入切成片的大蒜、辣椒，炒香。
5. 炒出香味后，加入墨鱼和油菜花翻炒，再加入步骤 3 中的酱汁，继续翻炒后关火，浇上香油，装盘。

小贴士

油菜花富含 β- 胡萝卜素。蚝油很容易煳锅，因此在炒菜时要在最后加入。

糖分
4.5g

热量
620kJ

外焦里嫩

炸金枪鱼排

10 分钟以内　30 元以内

材料（1 人分量）

金枪鱼：45g；
盐：少许；
胡椒粉：少许；
面粉：适量（2g）；
鸡蛋：适量（6g）；
面包糠：适量（3g）；
油：适量；
白萝卜：1cm（20g）；
橙醋酱油：1 小匙（6g）

烹饪方法

1. 将盐、胡椒粉撒在金枪鱼上，按照面粉、鸡蛋、面包糠的顺序裹上面皮。

2. 在 180℃的油温下，将金枪鱼炸至四分熟，使其外皮变脆。

3. 将白萝卜去皮，磨成萝卜泥，倒入橙醋酱油；将炸好的金枪鱼装盘。

油炸金枪鱼排是控油减脂时的不错选择。

第四部分

配菜

【肉类、海产品类】

选用鱼类和肉类作为配菜，
可以让每餐的口感更出众。
“可是如此一来，糖分摄取不就超标了吗？！”其实不必担心，
只要食材选用有方、料理得当，就可以控制糖分的摄取。
本章中登场的食谱，
都是出色的美味配菜，在调味的设计上下足了功夫。
不仅如此，因为具有出色的口感，
很多食谱也适合作为下酒菜。

糖分
0.3g
热量
167kJ

风靡韩国的瘦身食材——西兰花

西兰花拌鸡胸肉

10 分钟以内　20 元以内　可冷藏

材料（1 人分量）

西兰花：一朵（20g）；
鸡胸肉：15g；
岩烧海苔：半小匙（5g）；
香油：半小匙（1g）；
黑芝麻：适量（1g）

烹饪方法

1. 将西兰花撕成小块，用开水焯熟，过冷水后沥干水分。
2. 将鸡胸肉焯水撕开，放入沙拉碗中，再放入处理好的西兰花、岩烧海苔、香油、黑芝麻搅拌，装盘。

小贴士

在众多蔬菜中，西兰花含有的蛋白质尤其丰富，还含有相当于 3 个柠檬所含的维生素 C。

糖分
4.7g
热量
494kJ

清淡的鸡胸肉与爽口的辣白菜相得益彰

辣白菜鸡肉沙拉

5 分钟以内　30 元以内　可冷藏

材料（1 人分量）

黄瓜：4cm（20g）；
即食鸡胸肉：40g；
番茄：1/4 个；
辣白菜：15g；
纳豆：1 小盒（30g）

烹饪方法

1. 将黄瓜斜切成片。
2. 将即食鸡胸肉撕碎。
3. 番茄去籽，切块。
4. 辣白菜切成小块。
5. 将上述步骤中处理好的食材与纳豆拌在一起，完成。

小贴士

减肥时，经常会因为过分控制脂肪摄入而导致蛋白质的摄取不足，这时就可以利用即食鸡胸肉这种低脂高蛋白的食物来进行补充。

糖分
1.5g
热量
373kJ

巧用余热锁住水分

中式凉拌鸡胸肉

15 分钟以内　30 元以内　可冷藏

材料（1 人分量）

韭菜：两根（15g）；
黄瓜：3cm（15g）；
大葱：1cm（2g）；
鸡胸肉：60g；
香油：半小匙（1g）；
白芝麻：适量（0.3g）；
干辣椒圈：适量；
橙醋酱油：2 小匙（9g）

烹饪方法

1. 烧开一锅水，放入韭菜，快焯过冷水，挤去水分，切成适合入口的小段。将黄瓜和大葱斜切成片状。
2. 将步骤 1 中处理好的食材放入沙拉碗中，再放入冰箱中冷藏。
3. 再烧一锅水，等到沸腾时关火，将鸡胸肉放在水中浸泡 5 分钟后取出，再放入冷水中浸泡 1 分钟，取出鸡胸肉撕成适合入口的大小。
4. 将步骤 2 和步骤 3 中处理好的食材与香油、白芝麻、干辣椒圈、橙醋酱油混合，拌好后装盘。

小贴士

鸡胸肉在减肥人士和健身人士的圈子中十分流行。通过余热烹饪鸡胸肉，可以让肉质变得鲜嫩不柴，十分美味。

糖分
0.6g
热量
180kJ

辣椒配花椒，鲜香麻辣味道好

花椒佐章鱼

5分钟以内　20元以内　可冷藏　沙拉碗烹饪

材料（1人分量）

黄瓜：2cm（10g）；
辣椒：少许（3g）；
章鱼（焯水）：15g；
花椒：少许（0.5g）；
橄榄油：1小匙（3g）；
柠檬汁：1/2小匙（2g）；
盐：少许

烹饪方法

1. 黄瓜切片，辣椒切碎。
2. 章鱼去皮，切成薄片。
3. 在沙拉碗中放入黄瓜片、辣椒碎、章鱼片、花椒、橄榄油、柠檬汁、盐，混合搅拌后装盘。

小贴士

花椒与柑橘同属芸香科，都有一种独特的芳香。花椒的麻辣口味使它成为中式料理的常客。这道食谱中选用花椒进行调味，这份独有的麻辣想必可以瞬间激活你的味蕾！

糖分
1.0g

热量
130kJ

下酒菜，做出来就是快

鳕鱼籽炒竹笋

5 分钟以内　20 元以内　可冷藏

材料（1 人分量）

竹笋（水煮）：40g；
鳕鱼籽：12g；
清酒：1 小匙（4g）；
青海苔：少许

烹饪方法

1. 将竹笋切片，快焯过水。鳕鱼籽拆碎。
2. 在平底锅中放入竹笋煎制，再加入鳕鱼籽和清酒翻炒。
3. 将炒好的鳕鱼籽和竹笋盛出装盘，撒上青海苔点缀。

小贴士 竹笋中富含钾，可以帮助排出身体里的盐分，因此不仅有助于促进新陈代谢，更有降血压的功效。对于经常穿着高跟鞋而脚部浮肿的女性还有消肿的功效。

糖分
1.5g

热量
301kJ

让 DHA 与 EPA 激活你的大脑

金枪鱼拌灰树花

20 元以内　可冷藏

材料（1 人分量）

胡萝卜：1cm（10g）；
灰树花：40g；
香油：1 小匙（4g）；
醋：半大匙（7g）；
酱油：半小匙（3g）；
白芝麻：适量（1g）；
金枪鱼罐头（水浸）：15g；
青海苔：少许

烹饪方法

1. 将胡萝卜切细丝，快焯，沥干水分。灰树花切成适合入口的大小。
2. 平底锅倒上香油烧热，将胡萝卜丝和灰树花放入锅中快炒。
3. 沙拉碗中放入醋、酱油、白芝麻，混合均匀。
4. 将炒好的食材放入沙拉碗中，再加入金枪鱼罐头拌好，放入冰箱冷藏 30 分钟左右，装盘，依照个人喜好撒上青海苔点缀。

小贴士

灰树花是一种真菌，它富含多种具有美容、保健、瘦身功效的营养成分。灰树花的口感筋道有嚼劲，在食用时可以轻松获得饱腹感。金枪鱼味道清淡而百搭，同时，金枪鱼又拥有优质蛋白质、B 族维生素、EPA、DHA 等营养成分。

糖分
1.9g
热量
113kJ

切一切，焯一焯，拌一拌！简单的快手早餐

豌豆苗凉拌鲂仔鱼

5 分钟以内　10 元以内　可冷藏

材料（1 人分量）

洋葱：30g；
豌豆苗：20g；
鲂仔鱼干：8g；
醋：半小匙（3g）；
木鱼花：适量（0.5g）；
干辣椒面：少许

烹饪方法

1. 洋葱切丝，豌豆苗切成适合入口的小段，快速焯水。
2. 沙拉碗中放入鲂仔鱼干、醋，再放入步骤 1 中处理好的食材，混合搅拌。
3. 再在沙拉碗中放入木鱼花，混合搅拌。
4. 盛出装盘，撒上辣椒面。

小贴士 木鱼花味道清淡，同时富含钙、维生素 D、维生素 B_{12} 和硒，对身体大有好处。这道菜烹饪简单快速，非常适合上班族享用。

糖分
2.8g
热量
326kJ

用橙子与香草的清香唤醒身体

橙香墨鱼沙拉

5 分钟以内　10 元以内　可冷藏

材料（1 人分量）

墨鱼：20g；
芜菁：半个（35g）；
莳萝：适量（0.5g）；
橙子：适量（15g）；
橄榄油：1 小匙（5g）；
柠檬汁：半小匙（2g）；
盐：少许；
胡椒粉：少许

烹饪方法

1. 墨鱼去皮，轻轻地用刀切成窄条状。
2. 芜菁去皮，切成小瓣；用盐腌至柔软后用冷水冲洗，擦去水分。莳萝切碎。
3. 在沙拉碗中放入墨鱼、芜菁、橙肉、橄榄油、柠檬汁、盐、胡椒粉，搅拌后装盘。

莳萝是一种被广泛使用的香草。它含有羧酸和苧烯，有助于调节肠胃。

糖分
4.8g

热量
314kJ

酸咸之间的微妙平衡，让你食欲大增

西兰花凉拌小银鱼

5 分钟以内　10 元以内　可冷藏

材料（1 人分量）

西兰花：两朵（25g）；
番茄干：10g；
小银鱼：少许（1g）；
橄榄油：1 小匙（4g）；
盐：少许；
胡椒粉：少许

烹饪方法

1. 西兰花切成方便入口的小块，焯水后过冷水。番茄干用菜刀拍碎。
2. 将番茄干、西兰花放入沙拉碗中，加入小银鱼、橄榄油、盐、胡椒粉，搅拌后装盘。

小贴士

小银鱼从头到尾都有营养。它富含维生素 D，有助于钙的吸收，从而促进骨骼和牙齿的生长。

糖分
5.7g

热量
230kJ

萝卜泥才是真正的主角

金枪鱼萝卜泥

5 分钟以内 10 元以内 沙拉碗烹饪

材料（1 人分量）

白萝卜：6cm（150g）；
醋：1 大匙（12g）；
糖：1 小匙（2g）；
柚子胡椒：少许（1g）；
黄瓜：4cm（20g）；
金枪鱼（水浸罐头）：30g；
鱼露：半小匙（3g）；
小番茄：1 个

烹饪方法

1. 白萝卜去皮擦碎，沥去水分后放入沙拉碗中，加入糖、醋、柚子胡椒，混合搅拌。
2. 在另一只沙拉碗中，放入黄瓜片、金枪鱼，用鱼露调味后和步骤 1 中的白萝卜泥混合。
3. 装盘，将切片小番茄放上做点缀。

小贴士

营养丰富的萝卜泥才是这道菜真正的主角！将萝卜擦碎成泥后，其细胞中的异硫氰酸酯将更容易被身体吸收，这种营养物质可以起到抗癌、抗菌、防止动脉硬化的作用。

糖分
6.7g

热量
151kJ

营养丰富的番茄搭配日式烹饪风格

番茄海苔沙拉

5 分钟以内 20 元以内 可冷藏

材料（1 人分量）

番茄：1 个（150g）；
黄瓜：6cm（30g）；
盐海苔：2g；
大蒜：少许（0.3g）

烹饪方法

1. 番茄快焯后去皮，切成六等份，黄瓜切成滚刀块。
2. 沙拉碗中放入番茄、黄瓜、盐海苔、蒜末，放入冰箱中冷藏。

小贴士

番茄的营养十分丰富，不仅热量低，而且还含有丰富的维生素 C、维生素 E、钾和膳食纤维。维生素 C 可以保养肌肤、防止感冒，维生素 E 可以抗老化，钾可以帮助身体排出多余的盐分，而膳食纤维则有益于肠道健康。

糖分
7.3g

热量
364kJ

用这道香醇的料理欢迎我们的健康搭档——牛磺酸

香拌莲藕章鱼

10 分钟以内　20 元以内　可冷藏

材料（1 人分量）

章鱼（焯）：30g；
莲藕：20g；
紫苏叶：两片；
蘘荷：半个（8g）；
日式白味噌：2 小匙（12g）；
清酒：半小匙（3g）；
剥好的毛豆：10g

烹饪方法

1. 章鱼切成适合入口的小块。莲藕切成扇形，快焯，沥干水分。
2. 将紫苏叶和蘘荷切丝。
3. 沙拉碗中放入白味噌和清酒，混合拌匀。
4. 将毛豆与步骤 1、步骤 2、步骤 3 中处理好的食材放到一起拌匀，装盘。

小贴士

章鱼和墨鱼都富含牛磺酸。牛磺酸可以促进胆汁酸的分泌，提高肝脏功能，抑制胆固醇，预防动脉硬化。

糖分
8.2g

热量
347kJ

裙带菜也可以增强免疫力

裙带菜番茄沙拉

5 分钟以内　10 元以内　可冷藏　沙拉碗烹饪

材料（1 人分量）

番茄：半个（80g）；
山药：25g；
生姜：1/4 块（4g）；
蘘荷：1/4 个（4g）；
紫苏叶：半片；
裙带菜：3g；
A 柠檬汁：1 大匙（15g）；
A 酱油：1 小匙（6g）；
A 味精：少许（0.2g）；
A 胡麻油：1 小匙（4g）；
韩式紫菜：半片；
白芝麻：适量（0.2g）

烹饪方法

1. 番茄切成小瓣，山药切成滚刀块，蘘荷切小段，生姜和紫苏叶切细丝。
2. 裙带菜泡水后切成适合入口的小段。
3. 将步骤 1 和步骤 2 中处理好的食材混合拌匀，加入 A 组调料，再将韩式紫菜撕碎后和白芝麻一同撒在拌好的食材上，装盘。

小贴士

裙带菜为什么会发黏呢？因为其含有一种叫作褐藻多糖的物质。这种物质不仅可以提高机体免疫力，还有一定的抗敏效果。

糖分
8.9g

热量
201kJ

用这道超简单的料理调节肠胃吧!

莴苣拌海蕴菜

5 分钟以内　10 元以内　可冷藏

材料（1 人分量）

莴苣：1 棵（20g）；
秋葵：1 根（15g）；
生姜：少许（2g）；
蟹柳棒：1 根；
调味海蕴菜：1 包（70g）

烹饪方法

1. 将莴苣切成粗丝，秋葵快焯后切成小块，生姜切丝，蟹柳棒拆碎。
2. 将步骤 1 中处理好的食材放入沙拉碗中，加入海蕴菜，拌匀装盘。

海蕴菜中富含褐藻多糖，可以调节肠道环境。

糖分
9.0g

热量
456kJ

高端大气上档次的下酒菜!

墨鱼拌前胡

15 分钟以内　20 元以内　可冷藏

材料（1 人分量）

前胡：7cm（18g）；
西芹：取茎部的 1/3（15g）；
墨鱼：25g；
番茄干：10g；
日式梅肉：半大匙（8g）；
罗勒：适量（0.5g）；
胡椒粉：少许；
橄榄油：1 小匙（4g）

烹饪方法

1. 前胡去皮，西芹去筋，切段。墨鱼轻轻地改刀去皮，切成墨鱼圈。
2. 锅中烧开水，将西芹、前胡、墨鱼圈下水焯过捞出，浸冷水。
3. 番茄干和梅肉捣碎，罗勒切碎。
4. 将步骤 2 和步骤 3 中处理好的食材与胡椒粉、橄榄油混合拌匀，装盘。可根据个人喜好撒上罗勒叶。

小贴士

梅肉不仅可以让口感更加酸甜清爽，同时还有清理肠道、通便等作用。前胡含有丰富的钾。

第五部分

配菜

【蔬菜、水果】

将蔬菜和水果搭配起来作配菜，

不仅低糖，而且营养。

但如果只选用蔬菜作为配菜，

就容易使口味单一而感到乏味。

因此本章中的食谱，都在调味上进行了一些调整，

设计出众多百吃不腻的料理。

敬请期待！

糖分
1.4g
热量
376kJ

只要烹饪得法，苦瓜也会很好吃

苦瓜牛油果沙拉

5 分钟以内　10 元以内　可冷藏

材料（1 人分量）

苦瓜：10g；
黄瓜：6cm（30g）；
牛油果：1/4 个（25g）；
莳萝：适量（1g）；
蛋黄酱：1 小匙（5g）；
鱼露：适量（1g）；
柠檬汁：半小匙（2g）；
盐：少许；
胡椒粉：少许

烹饪方法

1. 苦瓜对切成两半，将里面白色的絮状部分用勺子挖出，再将苦瓜切成薄片，在沸水中快焯后过冷水，用厨房纸巾吸去水分。
2. 黄瓜切丁，牛油果切成滚刀块，莳萝切成碎末。
3. 将蛋黄酱、鱼露、柠檬汁、盐、胡椒粉放入沙拉碗中混合，再加入步骤 1 和步骤 2 中处理好的食材，拌匀装盘。

小贴士

苦瓜中含有亚麻酸，可以促进脂肪的燃烧。同时苦瓜中的维生素 C 含量是卷心菜的 3 倍，是最适合提高人体免疫力的食材之一。

糖分
2.5g
热量
84kJ

没有食欲？试试这个！

西班牙番茄冷汤

10 分钟以内　30 元以内　可冷藏

材料（1 人分量）

番茄：1/4 个（40g）；
番茄汁：2 小匙（10g）；
洋葱：少许（3g）；
黄瓜：少许（4g）；
欧芹：少许（3g）；
红辣椒：少许（3g）；
大蒜：适量（0.5g）；
红酒醋：半小匙（2g）；
盐：少许；
胡椒粉：少许；
橄榄油：适量（1g）；
欧芹：适量

烹饪方法

1. 将番茄、番茄汁、洋葱、黄瓜、欧芹、红辣椒、大蒜、红酒醋放入料理机中打碎，滤出汤汁。
2. 将汤汁放入冰箱冷藏 1 小时。
3. 从冰箱中取出汤汁，将盐、胡椒粉放入汤汁中调味，再撒上橄榄油、欧芹点缀。

小贴士 在西班牙和葡萄牙，这种冷汤是餐厅中的常客。酸甜爽口的冷汤，非常适合在炎热的夏日享用。

糖分
2.8g

热量
113kJ

酸爽风味，根本停不下来

酸爽拌菜

5 分钟以内　10 元以内　可冷藏　沙拉碗烹饪

材料（1 人分量）

白萝卜：2cm（40g）；
水菜：20g；
鱿鱼丝：3g；
醋：1 小匙（6g）；
日式白酱油：半小匙（3g）；
芥末：适量（1.5g）

烹饪方法

1. 白萝卜切丝，水菜切成 3cm 左右的小段，鱿鱼丝撕成小条。
2. 沙拉碗中放入醋、白酱油、芥末，混合拌匀。
3. 将步骤 1 中处理好的食材放入沙拉碗中拌匀，装盘。

小贴士

鱿鱼丝的咸鲜风味在这道菜中发挥得淋漓尽致。芥末使这道菜别有一番风味，可以说是最为健康的下酒菜了。

糖分
3.1g
热量
126kJ

百吃不腻是芦笋

味噌拌芦笋

5 分钟以内　10 元以内

材料（1 人分量）

芦笋：1 根（25g）；
日式白味噌：1 小匙（6g）；
蛋黄：适量（2g）；
甜料酒：适量（1g）；
酱油：适量（0.5g）

烹饪方法

1. 去掉芦笋根部约 1/3 左右的皮，去掉茎上的鳞片，斜切成小段。
2. 锅中烧开水，将芦笋焯一下后过冷水，用厨房纸巾擦干水分。
3. 沙拉碗中放入白味噌、蛋黄、甜料酒、酱油，搅匀。
4. 将芦笋放入沙拉碗中拌匀后装盘。

小贴士

这是一种老少咸宜的调味方式。白味噌的加入也让这道菜的味道更加醇厚，将芦笋换成秋葵也是很不错的搭配。

糖分
3.8g
热量
285kJ

缤纷食材搭配芝香脆皮

香草烧夏蔬

15 分钟以内　10 元以内

材料（1 人分量）

玉米笋：2 根（20g）；
西兰花：1 朵（20g）；
圣女果：1 个（15g）；
西葫芦：1/5 个（40g）；
大蒜：适量（1g）；
百里香：适量（0.5g）；
迷迭香：适量（0.5g）；
面包糠：2 小匙（2g）；
帕尔马干酪：1 小勺（2g）；
胡椒粉：少许；
橄榄油：1 小匙（3g）

烹饪方法

1. 玉米笋和西兰花预先煮至半熟，沥干水分，圣女果切成两半。
2. 西葫芦切片，粘上面包糠后用小火烤制。
3. 将大蒜、百里香、迷迭香切成碎末。
4. 碗中放入面包糠、步骤 3 中处理好的食材、帕尔马干酪、胡椒粉，混合拌匀。
5. 平底锅中放入步骤 1 和步骤 2 中处理好的食材，将步骤 4 中的食材抹上橄榄油放入烤箱，以 180℃的温度烤制约 7 分钟。

小贴士

这道菜烹饪完成后，剩下的那些带有香草味的面包糠还可以再次利用，比如说可以撒在意大利面上增加其口感。这种面包糠和三文鱼、猪肉等各类食材都能很好地搭配。

糖分
1.5g
热量
385kJ

简约又美味，口感还爽脆

炒芜菁凉拌牛油果

5分钟以内 10元以内 可冷冻 平底锅烹饪

材料（1人分量）

芜菁：1/3个（35g）；
橄榄油：2小匙（6g），分2份；
牛油果：15g；
柠檬汁：适量（1g）；
盐：少许；
胡椒粉：少许；
薄荷：适量（0.5g）

烹饪方法

1. 芜菁去皮切成月牙状，在平底锅中放入3g橄榄油，中火炒香。
2. 牛油果去皮切成滚刀块。
3. 沙拉碗中放入牛油果和炒好的芜菁、3g橄榄油、柠檬汁、盐、胡椒粉拌匀，薄荷撕碎后撒入，装盘。

小贴士
由于一年中的时令不同，芜菁的口感也不同。3~5月的芜菁口感柔和喜人，而10~11月的芜菁则更为甜脆。芜菁中富含膳食纤维，不仅可以通便，还可以预防多种疾病。

糖分
3.7g
热量
251kJ

恢复精力的王牌料理

醋香拌韭菜

5 分钟以内　10 元以内　可冷藏

材料（1 人分量）

韭菜：50g；
卷心菜：半个（30g）；
醋：2 小匙（8g）；
糖：半小匙（1g）；
蚝油：半小匙（4g）；
香油：1 小匙（2g）；
鲂仔鱼干：8g；
辣椒丝：少许

烹饪方法

1. 韭菜焯熟后切成适合入口的小段，沥干水分。
2. 卷心菜切丝，快焯后沥干水分。
3. 沙拉碗中放入糖、醋、蚝油、香油，搅拌均匀。
4. 再将步骤 1 和步骤 2 中处理好的食材放入沙拉碗中，加入鲂仔鱼干，装盘，撒上辣椒丝点缀。

小贴士

韭菜中含有大量的 β- 胡萝卜素，β- 胡萝卜素在体内被转换成维生素 A，具有一定的保健作用。

糖分
2.0g
热量
268kJ

让蒜油勾起肚子里的馋虫吧

西式烧春蔬

10 分钟以内　10 元以内　可冷藏　平底锅烹饪

材料（1 人分量）

芦笋：2 根（35g）；
四季豆：1 根（10g）；
柠檬：10g；
橄榄油：1 小匙（5g）；
大蒜：适量（1g）；
干辣椒：少许；
百里香：适量（1g）；
盐：少许；
胡椒粉：少许

烹饪方法

1. 芦笋去掉根部约 1/3 的皮，去掉茎上的鳞片，从中间切成两段。柠檬切厚片后改刀成扇形。
2. 将芦笋、四季豆、柠檬放入烤盘或平底锅上烤制。
3. 平底锅中放入橄榄油、大蒜、干辣椒、百里香，小火炒香后将油倒出备用。
4. 将倒出的油和步骤 2 中处理好的食材混合拌匀，装盘。

小贴士　本食谱中的蒜油可以多制作一些备用。蒜油接触空气后会变味，因此要用密封容器保存，并且要避免阳光直射。如果放在阴凉处或是冰箱冷藏，蒜油可以保存长达 3 周。

糖分
3.7g
热量
239kJ

风味蔬菜的均衡搭配，舒享舌尖美味！

浇汁烧茄子

15 分钟以内　10 元以内　可冷藏

材料（1 人分量）

茄子：1 根（90g）；
大葱：5cm（10g）；
生姜：半块（5g）；
蘘荷：3g；
紫苏叶：1 片；
酱油：1 小匙（6g）；
香油：1 小匙（3g）；
醋：1 大匙（15g）

烹饪方法

1. 茄子用烤鱼架或烤面包架烤制后撕成细条。大葱、生姜、蘘荷切成碎末，紫苏叶切丝。
2. 沙拉碗中放入酱油、香油、醋，混合搅拌，再放入大葱、生姜、蘘荷拌匀。
3. 茄子盛出装盘，倒上步骤 2 中调好的酱汁，撒上紫苏叶点缀。

小贴士

紫苏叶、大葱、蘘荷和生姜这类带有香味的蔬菜加入，让这道稍显朴素的菜具有独特的风味和鲜活的色彩。同时，茄子软糯的口感也让人流连忘返。

糖分
3.9g

热量
84kJ

让蜂蜜加速唤醒活力!

芜菁沙拉

20元以内　可冷藏

材料（1人分量）

芜菁：1/3个（30g）；
柠檬汁：1小匙（5g）；
蜂蜜：半小匙（2g）；
芜菁叶：5g；
番茄：10g；
柠檬果肉：1小匙（5g）

烹饪方法

1. 芜菁切成粗丝。
2. 沙拉碗中放入柠檬汁、蜂蜜，混合搅拌后放入切好的芜菁，腌制约30分钟。
3. 芜菁叶切成小块后快速焯水，沥去水分。
4. 将腌好的芜菁装盘，将切成块状的番茄、拆碎的柠檬果肉及芜菁叶按顺序码好即可完成。

小贴士 蜂蜜和柠檬都有美容的功效。芜菁叶还含有大量的β-胡萝卜素，千万不要浪费哦。

糖分
3.6g
热量
406kJ

清爽的薄荷，让自己由内而外焕然一新

清爽毛豆芦笋沙拉

5 分钟以内　20 元以内　可冷藏

材料（1 人分量）

日式竹轮卷：半根（15g）；
芦笋：1 根（20g）；
毛豆（盐水煮过后冷冻）：5 个（20g）；
薄荷：适量（1g）；
柠檬汁：半小匙（2g）；
橄榄油：1 小匙（5g）；
盐：少许；
胡椒粉：少许

烹饪方法

1. 将竹轮卷按照毛豆的大小切成条状，芦笋去掉根部约 1/3 左右的皮，去掉茎上的鳞片，按照毛豆的长度切成段。
2. 毛豆快焯后去皮。芦笋快焯后过冷水，沥干水分。
3. 沙拉碗中放入竹轮卷、薄荷、剥好的毛豆、柠檬汁、橄榄油、盐、胡椒粉拌匀，装盘。

小贴士

薄荷不仅是转换心情、对抗困意的重要食材，更因其出众的美白护肤效果而广受女性的欢迎。不但如此，薄荷还可以有效杀菌，预防口臭。

糖分
2.7g
热量
402kJ

美容又养颜，香草味四溢

柚香牛油果沙拉

5 分钟以内 10 元以内 沙拉碗烹饪

材料（1 人分量）

牛油果：1/3 个（30g）；
葡萄柚：25g；
香芹：适量（0.5g）；
莳萝：适量；
橄榄油：1 小匙（3g）；
黄芥末：适量（1g）；
盐：少许；
胡椒粉：少许

烹饪方法

1. 将牛油果去皮，切成滚刀块。葡萄柚去皮，果肉切丁。香芹和莳萝切成大段。
2. 将步骤 1 中处理好的食材放入沙拉碗中，再加入橄榄油、黄芥末、盐、胡椒粉拌匀后装盘。

小贴士

牛油果虽然热量很高，但富含维生素 E 和维生素 C。维生素 E 可以促进新陈代谢，而维生素 C 具有一定的美白效果，对于女性来说是再好不过的营养食材。随着新陈代谢的加速，人体内的血液循环也会加快，因此牛油果也有一定的减肥瘦身功效。

糖分
4.9g
热量
117kJ

爽滑 Q 弹，闪闪发亮！补充骨胶原

圣女果汤冻

20 元以内　可冷藏

材料（1 人分量）

圣女果：5 个（50g）；
鲣鱼高汤（腌渍用）：3/4 杯（170mL）；
鲣鱼高汤：1/4 杯（50mL）；
酱油：分两份，一份 1 小匙（5g），一份半小匙（3g）；
盐：少许；
吉利丁片（食用明胶）：1g；
甜料酒：半小匙（3g）；
紫苏叶：1 片（0.5g）

烹饪方法

1. 将圣女果去蒂，用刀轻轻将表皮划开切口，放入热水中烫一下去皮。
2. 将腌渍用的鲣鱼高汤稍微加热，加上 1 小匙酱油（5g）、盐和圣女果，一边冷却一边腌渍约 2 小时。
3. 将吉利丁片放入水中泡软。
4. 锅中放入鲣鱼高汤、甜料酒、盐、半小匙酱油（3g），加热，再放入吉利丁片，隔水冷却至凝固。
5. 将腌制好的番茄装盘，浇上步骤 4 中制好的汤冻，撒上切成丝的紫苏叶点缀，完成。

小贴士

将汤汁制成鲜嫩多汁的汤冻，可以让口感更上一层楼。汤冻还让整道菜的色泽更加鲜艳饱满、晶莹剔透，赏心悦目。

糖分
5.2g
热量
398kJ

用稍显奢侈的烹饪方式，品味时令的味道

芝麻酱拌白芦笋

5 分钟以内　20 元以内　可冷藏

材料（1 人分量）

白芦笋：2 根（40g）；
蛋黄：半个（8g）；
日式白味噌：半大匙（8g）；
甜料酒：半小匙（3g）；
白芝麻：2 小匙（5g）

烹饪方法

1. 将白芦笋用削皮器去皮，切成适合入口的小块。
2. 锅中烧开水，将白芦笋焯过后浸入冷水中，用厨房纸巾擦干水分。
3. 沙拉碗中放入蛋黄、白味噌、甜料酒、白芝麻，混合搅拌。再将白芦笋放入拌匀，装盘。

小贴士

白芦笋中含有天门冬酰胺和钾，具有消除浮肿、缓解疲劳的作用。因其味道比较清淡，适合和口味较重的主菜搭配。

糖分
6.2g
热量
506kJ

夏季美味，凝聚于此

咖喱炸夏蔬

10 分钟以内　20 元以内　平底锅烹饪

材料（1 人分量）

芦笋：1 根（15g）；
苦瓜：10g；
西葫芦：20g；
红辣椒：15g；
天妇罗粉：2 大匙（15g）；
水：1 大匙（20mL）；
油：适量；
帕尔马干酪：1 小匙（2g）；
咖喱粉：半小匙（1g）；
盐：少许；
欧芹：适量（1g）

烹饪方法

1. 将芦笋切成适合入口的小块，苦瓜切成薄片，西葫芦切成圆片，红辣椒切成三角形。
2. 将天妇罗粉加水混合成面糊，将切好的蔬菜裹上面糊后以 180℃油温油炸。
3. 沙拉碗中放入帕尔马干酪、咖喱粉、盐、胡椒粉混合成干料，将炸好的蔬菜沾满干料后装盘。

小贴士

苦瓜的美味在于它独特的苦味，但过犹不及，苦味也不能太重，因此要对其进行适当的处理。首先要将苦瓜洗净后纵向切成两半，再用汤匙挖去瓜瓤，切成适合烹饪的大小后，用盐和糖腌 5~10 分钟。如此操作后苦瓜中的苦味和水分就都可以被析出来，再倒掉腌出来的水分就可以继续烹饪了。

糖分
5.7g
热量
301kJ

柠檬与蜂蜜的完美组合，让身心净化的最强美味！

柠爽圣女果

5分钟以内　20元以内　可冷藏

材料（1人分量）

圣女果：7个（40g）；
柠檬：10g；
香芹：适量（1g）；
蜂蜜：半小匙（3g）；
柠檬汁：适量（1g）；
盐：少许；
橄榄油：2小匙（5g）

烹饪方法

1. 圣女果快焯去皮。
2. 柠檬切薄片，切成扇形。
3. 香芹切为粗末。
4. 沙拉碗中放入蜂蜜、柠檬汁、盐、橄榄油，混合搅拌。
5. 在沙拉碗中放入前3个步骤中处理好的食材，拌匀后装盘。

小贴士

蜂蜜和柠檬组合出的酸甜味道清新爽口。柠檬中含有的维生素C，是生成胶原蛋白的必要成分。不仅如此，维生素C还可以增强抵抗力，促进铁元素的吸收，还有一定的抗氧化作用。柠檬中还含有一种叫作萜烯的芳香物质，具有让大脑放松的效果。

糖分
7.6g

热量
314kJ

娇艳欲滴的色泽，搭配精致的烹饪技巧，平衡出完美的酸甜口味

橙香胡萝卜沙拉

5 分钟以内 10 元以内 可冷藏

材料（1 人分量）

胡萝卜：4cm（40g）；
扇贝（可生食）：半个（20g）；
橙子：30g（果肉重量）；
醋：1 小匙（5g）；
橄榄油：半小匙（2g）；
糖：半小匙（1g）；
粗粒芥末：半小匙（2g）；
西兰花芽：适量（2g）

烹饪方法

1. 胡萝卜切丝，快速焯水。扇贝和橙肉切成适合入口的小块。
2. 沙拉碗中放入醋、橄榄油、糖、粗粒芥末，混合后放入步骤 1 中处理好的食材拌匀。
3. 将步骤 2 中拌好的食材装盘，将西兰花芽切成适合入口的长度后放入盘中做点缀。

小贴士

扇贝和橙子的酸甜口味相得益彰。这道沙拉中的橙子也可以换成葡萄柚或者其他柑橘类时令水果。

糖分
9.7g
热量
502kJ

用膳食纤维来清理肠道

香草芝士炸菜

10 分钟以内　10 元以内　可冷藏　平底锅烹饪

材料（1 人分量）

南瓜：40g；
胡萝卜：2cm（20g）；
牛蒡：10cm（15g）；
油：适量；
雪维菜：适量（1g）；
香芹：适量（1g）；
薄荷：适量（1g）；
帕尔马干酪：1 小匙（2g）；
胡椒粉：少许

烹饪方法

1. 南瓜切成 2cm 左右的块状。
2. 胡萝卜去皮，切成滚刀块。
3. 牛蒡切成大块。
4. 将南瓜、胡萝卜、牛蒡用 170℃油温油炸。
5. 将雪维菜、香芹、薄荷切成粗末。
6. 在沙拉碗中将步骤 4 和步骤 5 中处理好的食材与帕尔马干酪、胡椒粉混合拌匀，装盘。

小贴士

南瓜具有超强的抗氧化功效，不仅可以用来烹饪配菜，还可以用来制作甜点。用南瓜来为自己的烹饪添点新花样吧！

糖分
6.3g
热量
536kJ

简单且美味就是最棒的!

法式渍番茄

5 分钟以内 | 5 元以内 | 可冷藏 | 沙拉碗烹饪

材料（1 人分量）

生姜：1/2 个（6g）；
番茄：1 个（120g）；
柠檬：20g；
橄榄油：2 小匙（10g）；
盐：少许；
胡椒粉：少许

烹饪方法

1. 将生姜切成细丝。
2. 将番茄横切成圆片。
3. 将柠檬皮切丝，柠檬果肉榨出柠檬汁备用。
4. 沙拉碗中放入橄榄油、柠檬汁和生姜，混合搅拌。
5. 将番茄片叠在碗中，撒上盐和胡椒粉后倒入步骤 4 中处理好的食材，再撒上柠檬丝点缀。

小贴士 柠檬皮的加入让整道菜的颜色靓丽缤纷，少许生姜的清爽香气又会给口腔添上几分清凉的感受。

糖分
10.6g
热量
469kJ

莲藕的清爽感，让人欲罢不能!

香脆蔬菜沙拉

10 分钟以内　10 元以内　可冷藏　平底锅烹饪

材料（1 人分量）

莲藕：1/3 段（60g）；
小菘菜：10g；
培根：10g；
橄榄油：半小匙（2g）；
意式葡萄醋：1 小匙（6g）；
糖：半小匙（1g）；
酱油：半小匙（2g）；
黑胡椒：少许；
小葱：适量（1g）

烹饪方法

1. 将莲藕去皮，切成小块，小菘菜切成 5cm 长的小段，培根切成 1cm 宽的丝。
2. 平底锅中放入培根，煎至两面金黄后取出备用。
3. 在步骤 2 中的平底锅里倒入橄榄油，将莲藕放入翻炒，莲藕快炒熟时放入小菘菜，再将培根放回锅内。
4. 沙拉碗中放入意式葡萄醋、糖、酱油混合，将步骤 3 中炒好的食材放入，拌匀装盘。撒上黑胡椒和小葱末。

小贴士

像莲藕这类块茎类蔬菜的口感较硬，食用时会增加咀嚼的次数。莲藕中含有的维生素 C 因有淀粉的保护，即使加热也不容易被破坏。

糖分
13.0g
热量
460kJ

用梅肉和酱汁来调味的全新创意，
家常菜和便当的最佳之选！

梅香金平莲藕

10 分钟以内　10 元以内　可冷藏　平底锅烹饪

材料（1 人分量）

莲藕（焯水）：1/4 段（40g）；
日式梅肉：1 小匙（5g）；
色拉油：1 小匙（4g）；
鲣鱼高汤：2 大匙（30mL）；
黄砂糖：1 小匙（4g）；
酱油：半小匙（3g）；
甜料酒：1 小匙（5g）；
白芝麻：1 小匙（2g）

烹饪方法

1. 将莲藕焯水后切大块，用刀身轻轻拍散，再同样将梅肉拍松。
2. 平底锅中倒上色拉油，放入莲藕小火翻炒，加入鲣鱼高汤、黄砂糖、酱油、甜料酒后加热蒸出酒香。
3. 关火，加入梅肉、白芝麻拌匀后装盘。

小贴士

作为便当的最佳选择，这道菜用酱汁搭配梅肉，创造出独具特色的风味，搭配鸡肉松也会很好吃。

第六部分

配菜

【菌类、豆制品、谷物和薯类】

众所周知，蘑菇是一种糖分含量很低的菌类。
而豆制品又富含多种营养物质，若是能灵活烹饪自然最好。
在本章中，我们也准备了各种通过简单烹饪
就能够享受到多种风味的食谱。
虽然谷物和薯类很容易让料理的含糖量升高，
但我们还是下足功夫去研究这些配菜，
努力降低糖分，同时又不失味道与口感。

糖分
2.3g
热量
117kJ

餐桌上的重量级配角，用微波炉瞬间就可以完成

金针菇拌京水菜

5 分钟以内　10 元以内　可冷藏　微波炉烹饪

材料（1 人分量）

京水菜：30g；
金针菇：30g；
樱花虾：1g；
橙醋酱油：半大匙（8g）；
辣椒油：少许；
白芝麻：适量（1g）

烹饪方法

1. 将京水菜切成 3cm 长的小段，金针菇从中间切成两半，将京水菜和金针菇放入耐热的容器中，覆上保鲜膜，用微波炉加热（500W 功率加热约 40 秒）。
2. 沙拉碗中放入加热好的京水菜和金针菇，放入樱花虾、橙醋酱油、辣椒油拌匀，装盘，撒上白芝麻。

小贴士

京水菜中含有大量的水分，是一种低热量的食材，还含有膳食纤维、碳水化合物、β- 胡萝卜素、维生素 C、叶酸、钙等多种营养成分。这道菜烹饪方法简单，非常适合作为配菜点缀餐桌。

糖分
3.5g
热量
306kJ

用蚝油做出中餐风味

杏鲍菇炒大虾

10 分钟以内　20 元以内　可冷藏

材料（1 人分量）

胡萝卜：3cm（30g）；
杏鲍菇：30g；
蚝油：半小匙（3g）；
清酒：半小匙（2g）；
韩式辣酱：少许（0.5g）；
香油：半小匙（2g）；
虾仁：30g；
毛豆仁：5g

烹饪方法

1. 将胡萝卜竖着切成两半，再斜切成厚段，快速焯水。杏鲍菇切成粗丝，虾仁清洗干净。
2. 沙拉碗中放入蚝油、清酒、韩式辣酱，充分混合。
3. 香油倒入平底锅中烧热，将步骤 1 中处理好的食材放入翻炒，再放入步骤 2 中做好的酱汁调味。
4. 将炒好的食材装盘，撒上毛豆仁点缀。

小贴士 蚝油的味道比较重，在烹饪时一旦放得太多，就会让整道菜都变成蚝油味的了。因此在使用蚝油调味时一定要注意分量！

糖分
3.6g
热量
352kJ

灰树花、蟹味菇、洋菇……多种菌菇大拼盘!

凉拌菌菇拼盘

5 分钟以内　20 元以内　可冷藏　微波炉烹饪

材料(1 人分量)

灰树花:30g;
蟹味菇:15g;
白洋菇:15g;
圣女果:2 个(20g);
醋:半大匙(8g);
糖:半小匙(1g);
橄榄油:1 小匙(3g);
日式白酱油:半小匙(3g);
蒸熟的大豆:15g;
杂蔬:适量(3g);
木鱼花:适量(1g)

烹饪方法

1. 将灰树花和蟹味菇拆散,放入耐热容器中后盖上保鲜膜,再放到微波炉中加热(500W 功率加热 30~40 秒)。
2. 白洋菇切片。
3. 圣女果六等份切成片状。
4. 在沙拉碗中加入醋、糖、橄榄油、白酱油,充分混合。
5. 在沙拉碗中放入步骤 1、步骤 2、步骤 3 中处理好的食材,再放入蒸熟的大豆,快速拌匀。
6. 将拌好的食材装盘,旁边放上杂蔬,撒上木鱼花。

小贴士

灰树花具有降血压和降血糖的功效,还能够预防脑梗死、动脉硬化、心肌梗死、高血压等多种疾病!

糖分
3.3g
热量
188kJ

异国风情的低热量凉拌菜

金针菇拌黄瓜

5 分钟以内 | 10 元以内 | 可冷藏

材料（1 人分量）

金针菇：50g；
京水菜：20g；
黄瓜：6cm（30g）；
香油：半小匙（2g）；
鱼露：1 小匙（5g）；
蒜泥：适量（3g）

烹饪方法

1. 将金针菇和京水菜切成适合入口的小段，快焯后浸冷水，沥干。黄瓜去籽后切成适合入口的小块。
2. 沙拉碗中放入香油、鱼露、蒜泥并充分混合，再放入步骤 1 中处理好的食材，拌匀后装盘。

小贴士 金针菇是名副其实的健康食材，100g 金针菇中仅仅含有 92kJ 的热量。而菌菇类食材的热量几乎都很低，在控制体重期间食用是再好不过的了。

糖分
4.5g
热量
205kJ

要记得在家中常备葱油哦

葱香笋菇

5 分钟以内　20 元以内　可冷藏　平底锅烹饪

材料（1 人分量）

杏鲍菇：60g；
芦笋：1 根（20g）；
大葱：5cm（10g）；
香油：半小匙（2g）；
日式面条蘸汁（2 倍浓缩）：半大匙（8g）；
辣椒面：少许；
柠檬：10g

烹饪方法

1. 杏鲍菇竖着切成四等份，将菌柄的部分斜切几刀，将一根芦笋斜切成四等份，放入平底锅煎烤。
2. 大葱切末放入沙拉碗中，再放入香油、日式面条蘸汁，充分混合。
3. 将步骤 1 中煎好的食材装盘，再浇上步骤 2 中调好的酱汁，撒上辣椒面，再将切成瓣的柠檬摆在旁边。

小贴士

这道菜将拥有美妙口感的杏鲍菇与芦笋搭配，自然而然地增加了食用时的咀嚼次数。咀嚼次数增加了，也自然有瘦身的功效。同时这道菜中富含膳食纤维，有助于通便。

糖分
5.8g
热量
314kJ

压力太大，就通过补充维生素 D 来保持减糖吧

蛋香蘑菇菠菜碎

5 分钟以内　10 元以内　可冷藏

材料（1 人分量）

蟹味菇：30g；
菠菜：30g；
白萝卜泥：40g；
醋：1 小匙（6g）；
糖：1 小匙（3g）；
柠檬汁：半小匙（2g）；
滑子菇：30g；
鹌鹑蛋：1 个；
日式白酱油：1 小匙（5g）

烹饪方法

1. 将蟹味菇拆散，放入平底锅中煎熟。
2. 菠菜焯水后过冷水，切成 3~4cm 的小段。
3. 沙拉碗中放入萝卜泥、醋、糖、柠檬汁，充分混合后放入步骤 1 和 2 中处理好的食材和滑子菇，拌匀。
4. 将拌好的食材装盘，装盘时堆成小山状，在正中心挖一个小洞，放入一个鹌鹑蛋做装饰，再转圈淋上白酱油。

小贴士

蟹味菇中含有丰富的维生素 D。当我们身体中缺乏这种维生素时，就很容易感受到压力，因此我们要积极地去摄取它。菠菜的加入也让这道菜的色泽更加靓丽。

糖分
3.8g
热量
100kJ

简单又美味，烹饪很快又不贵

梅香金针菇

5 分钟以内　10 元以内　可冷藏

材料（1 人分量）

金针菇：25g；
鲣鱼高汤：30mL；
甜料酒：1 小匙（5g）；
日式梅肉：1 小匙（6g）；
胡葱：适量（1g）

烹饪方法

1. 将金针菇切去尾部后拆开，在锅中放入鲣鱼高汤、甜料酒和酱油煮沸，放入金针菇，中火煮至收汁。
2. 梅肉剁成泥，将金针菇和梅肉放入沙拉碗中拌匀，装盘，撒上胡葱末。

小贴士

相比其他菌菇，金针菇富含维生素 B_1。金针菇也因此具有恢复精力的效果，在烹饪中很适合搭配口味清爽的梅肉。

糖分
2.9g
热量
285kJ

富含膳食纤维！适合早餐的食谱

蘑菇拌豆腐

5 分钟以内　10 元以内　微波炉烹饪

材料（1 人分量）

蟹味菇：20g；
灰树花：20g；
金针菇：30g；
日式面条蘸汁（2 倍浓缩）：1 小匙（6g）；
豆腐：50g；
黄豆粉：1 小匙（2g）；
日式白酱油：半小匙（2g）；
青海苔：少许

烹饪方法

1. 将蟹味菇和灰树花拆散，金针菇从中间切成二等份小段。
2. 将步骤 1 中处理好的蘑菇放入耐热的容器中，覆上保鲜膜，放入微波炉加热（500W 功率加热 1 分钟左右），加热后沥干水分，放入沙拉碗中，加入面条蘸汁，搅拌均匀。
3. 沙拉碗中放入豆腐捣碎，放入黄豆粉、白酱油充分混合，再将步骤 2 中处理好的食材放入拌匀，装盘，撒上青海苔。

小贴士 这种使用白豆腐和白酱油烹饪而成的料理，在日本被称作“白拌”，请务必尝一尝这种美味。蘑菇和黄豆粉中富含膳食纤维，非常适合作早餐。

糖分
1.6g
热量
335kJ

杏仁片带来了独特风味

豆苗拌豆腐

5 分钟以内　10 元以内

材料（1 人分量）

豆苗：30g；
豆腐：50g；
醋：半大匙（8g）；
酱油：半小匙（3g）；
芥末：适量（1g）；
杏仁片：4g；
海苔丝：适量

烹饪方法

1. 将豆苗切成适合入口的小段，快速焯水，将豆腐切成小块。
2. 沙拉碗中放入醋、酱油、芥末，充分混合。
3. 将步骤 1 中处理好的食材放入沙拉碗中，再放入杏仁片拌匀，装盘后撒上海苔丝。

小贴士

豆苗含有多种营养元素：维生素 K 可以促进骨骼发育，对处于更年期的女性来说十分重要；活性氧被认为是导致人体老化的重要物质，豆苗中含有的维生素 A 和维生素 C 可以去除人体内的活性氧，让人保持年轻活力；豆苗中的叶酸，对于孕期和哺乳期的女性来说则是极重要的营养素。

糖分
2.0g
热量
443kJ

食用方便的生菜，也可以用来煲汤

生菜豆腐汤

5 分钟以内　10 元以内

材料（1 人分量）

生菜：三片（15g）；
培根：10g；
豆腐：40g；
大葱：5cm（10g）；
热水：3/4 杯（150mL）；
鸡精：半小匙（1g）；
色拉油：半小匙（2g）；
蚝油：半小匙（4g）；
粗磨黑胡椒：少许；
白芝麻：适量（0.5g）

烹饪方法

1. 将生菜切成约 1.5cm 宽的丝，培根切丝，豆腐切成小块，大葱切成葱花。
2. 沙拉碗中放入热水，放入鸡精化开。
3. 将色拉油倒入锅中烧热，放入大葱炒香，再放上生菜、培根翻炒，加入鸡精水，再放入豆腐。
4. 加热至沸腾后，加入蚝油、粗磨黑胡椒调味，装盘，撒上白芝麻。

小贴士

我们在烤肉的时候经常搭配生菜卷着吃，这是因为生菜中含有的一些成分和油脂可以很好地搭配，因此生菜和培根搭配起来也很美味。生菜中的营养成分还可以有效降低胆固醇。

糖分
5.6g
热量
624kJ

马苏里拉奶酪搭配豆子!

芝士豆子沙拉

10 分钟以内　20 元以内　可冷藏

材料(1人分量)

毛豆:20g;
蚕豆:30g;
马苏里拉奶酪:15g;
薄荷:少许(1g);
橄榄油:1小匙(5g);
柠檬汁:半小匙(2g);
盐:少许;
胡椒粉:少许

烹饪方法

1. 将毛豆放入开水中焯过后去皮取豆。
2. 蚕豆去壳,在开水中焯过后去掉表层薄皮。
3. 马苏里拉奶酪切成约和毛豆同样大小的小块。
4. 将前3步骤中的食材和薄荷放入沙拉碗中,再加入橄榄油、柠檬汁、盐、胡椒粉,充分混合后装盘。

小贴士

这道沙拉以绿色为主调,体现出一种清凉的观感。马苏里拉奶酪含有丰富的镁和蛋白质,相比之下含有的热量却很低。

糖分
6.4g
热量
301kJ

清爽口感，有益健康

秋葵豆腐冷羹

5 分钟以内 20 元以内

材料（1 人分量）

秋葵：1 根（9g）；
醋腌海蕴菜：80g；
嫩豆腐：80g；
日式梅肉：半小匙（2g）

烹饪方法

1. 秋葵快速焯水。
2. 将焯好的秋葵切成小段。
3. 将醋腌海蕴菜与秋葵拌匀。
4. 将豆腐装盘，将步骤 2 中的食材倒入。
5. 再放上梅肉做点缀。

小贴士 秋葵之所以黏稠，主要是因为其含有半乳聚糖、阿拉伯聚糖等膳食纤维。这些膳食纤维对肠胃有一定的调理功能，可以预防便秘和腹泻。

糖分
8.8g

热量
314kJ

粒粒分明的出众口感!

脆豌豆麦片沙拉

5 分钟以内　20 元以内　可冷藏

材料（1 人分量）

大麦片：10g；
脆豌豆：20g；
黄瓜：4cm（20g）；
柠檬皮：少许（1g）；
盐：少许；
胡椒粉：少许；
橄榄油：1 小匙（3g）；
柠檬汁：半小匙（2g）；
鱼露：半小匙（2g）；
莳萝：适量（1g）

烹饪方法

1. 将大麦片煮软，放在笊篱上沥干。
2. 将脆豌豆去筋，快焯后过冷水。
3. 将脆豌豆和黄瓜切成小块，将柠檬皮切成碎末。
4. 沙拉碗中放入步骤 1 和步骤 3 中处理好的食材、盐、胡椒粉、橄榄油、柠檬汁、鱼露，拌匀后装盘，撒上莳萝。

小贴士

大麦片相比其他谷物更不容易吸收水分，也更难煮熟。这种大麦片在各大超市颇具人气，它富含膳食纤维，因此有助于通便。不仅如此，大麦片还可以调节肠道环境，提高免疫力，保养肌肤。

糖分
9.2g
热量
720kJ

素菜做出肉味！不仅口感出众，而且还很健康

番茄酱炒冻豆腐

10 分钟以内　10 元以内　平底锅烹饪

材料（1 人分量）

冻嫩豆腐：100g；
面粉：1 小匙（3g）；
色拉油：分两份，一份 1 小匙（3g），另一份半小匙（2g）；
洋葱：40g；
青椒：1/3 个（10g）；
蟹味菇：15g；
番茄酱：2 小匙（10g）；
醋：半小匙（3g）；
糖：半小匙（1g）；
酱油：半小匙（1g）；
粗磨黑胡椒：少许

烹饪方法

1. 将冷冻过的嫩豆腐解冻，沥净水分，切成六等份的片状，将豆腐片的两面都涂抹上面粉。
2. 平底锅中倒入 3g 色拉油烧热，将豆腐放入煎至两面金黄。
3. 将洋葱切成粗丝，青椒切成小块，蟹味菇拆散。
4. 沙拉碗中放入番茄酱、醋、糖、酱油，充分混合。
5. 平底锅中倒入 2g 色拉油烧热，将步骤 3 中处理好的食材放入翻炒，再放入步骤 2 中煎好的豆腐，再放入步骤 4 中调好的酱汁和粗磨黑胡椒调味，出锅装盘。

小贴士　豆腐经过冷冻之后会脱去水分，从而拥有像肉一样的口感。只需要将豆腐切成适合入口的小块，然后用保鲜膜包好冷冻就制作完成啦！

糖分
4.8g

热量
452kJ

魔芋与核桃，天生是一对

酱烤魔芋块

15 分钟以内　10 元以内　可冷藏

材料（1 人分量）

魔芋：90g；
香油：1 小匙（3g）；
Ⓐ 日式白味噌：半小匙（3g）；
Ⓐ 甜面酱：半小匙（3g）；
Ⓐ 清酒：1 小匙（6g）；
Ⓐ 甜料酒：1 小匙（6g）；
核桃：6g；
青海苔：少许

烹饪方法

1. 魔芋切成三等份的大块，在魔芋表面切格子状花刀。魔芋焯水后放在厨房纸巾上擦干水分。平底锅加入香油烧热，将魔芋放在平底锅上煎制。
2. 将材料表中 A 组材料混合均匀，倒入平底锅中，煮沸后放入切碎的核桃充分混合炒匀。
3. 将煎好的魔芋装盘，放上步骤 2 中做好的酱汁，撒上青海苔。

小贴士

核桃可以有效降低体内胆固醇和中性脂肪的含量。核桃不仅可以撒在沙拉上做点缀，和魔芋也是一对天生的好搭档。

糖分
2.7g
热量
389kJ

味道清爽！零糖面条的烹饪新选择

低糖凉面

5 分钟以内　10 元以内　平底锅烹饪

材料（1 人分量）

零糖面条：50g；
白萝卜：1cm（20g）；
黄瓜：1.5cm（10g）；
色拉油：半小匙（2g）；
鸡蛋：半个；
醋：1 大匙（12g）；
酱油：半小匙（4g）；
香油：半小匙（1g）；
糖：半小匙（1g）；
芥末：适量（1g）；
红姜丝：5g

烹饪方法

1. 将零糖面条沥干水分，白萝卜、黄瓜切丝。
2. 平底锅中放入色拉油，将鸡蛋搅匀后倒入，煎成蛋皮，再切成蛋皮丝。
3. 沙拉碗中放入醋、酱油、香油、糖、芥末，充分混合，将步骤 1 和步骤 2 中处理好的食材放入，拌匀后装盘，放上红姜丝做点缀。

小贴士

零糖面条是减糖的好帮手！不过，在烹饪时也不能因循守旧，要多多尝试不同的方法，创造更加丰富的味道。香油和芥末的加入让这道菜风味十足，在炎热的夏天来上一碗是最好不过的了。

糖分
11.8g

热量
582kJ

在家中轻松做出法式餐厅的味道

玉米焦糖布丁

20 元以内　可冷藏

材料（1 人分量）

玉米粒：23g；
牛奶：1/4 杯（50mL）；
盐：少许；
蛋黄：半个（10g）；
白砂糖：1 小匙（3g）；
鲜奶油：1 小匙（5mL）；
粗糖：1 小匙（3g）

烹饪方法

1. 将玉米粒放入牛奶中熬制，在牛奶中撒上盐，隔水冷却至温热后用搅拌机打碎过滤。
2. 将蛋黄和白砂糖混合搅拌，放入步骤 1 中处理好的食材和鲜奶油搅拌均匀，过滤后放入耐热容器中。
3. 将容器用铝箔纸包好，放入烤箱中，150℃隔水加热 30 分钟。
4. 在做好的布丁上撒上粗糖，用喷枪烤焦。

小贴士

玉米是夏季的时令蔬菜，收获的时间在每年的 6~9 月，横跨夏季和初秋。焦糖布丁在法语中为 crème brûlée，意思是“烧焦的奶油”。

糖分
6.8g

热量
381kJ

火候的掌控是成功的关键！又是一道时髦的山药食谱

香草烙山药

15 分钟以内　10 元以内

材料（1 人分量）

山药：60g；
圣女果：2 个（20g）；
面包糠：适量（0.5g）；
莳萝：适量；
香芹：适量；
橄榄油：半小匙（1g）；
盐：少许；
胡椒粉：少许；
芝士碎：10g

烹饪方法

1. 将山药去皮，切成 1cm 左右厚的薄片，放入平底锅中双面煎烤。将圣女果切成小块。
2. 将山药和圣女果放入炖锅中铺好。将面包糠、莳萝、香芹和橄榄油放在一起拌匀。
3. 撒上盐、胡椒粉、芝士碎和步骤 2 中处理好的食材，放入烤箱中以 200℃烤制 10 分钟左右。

小贴士

将莳萝放在手中揉搓，就可以闻到一种独特的香味。这种香味让莳萝被广泛用于烹饪和精油的提炼，成为一种十分受欢迎的香草。莳萝的茎和叶中含有麝香草酚，使得莳萝相比其他香草具有更强的杀菌和抗菌作用。莳萝的香味足以撑起一整道菜，不妨在其他料理中也尝试一下。

糖分
7.9g

热量
795kJ

肠胃不适时也推荐食用，可帮助消化，增强免疫力

纳豆蔬菜沙拉

5 分钟以内　10 元以内　可冷藏

材料（1 人分量）

蘘荷：1 根（15g）；
紫苏叶：2 片（1g）；
小葱：1 根（7g）；
山药：30g；
秋葵：30g；
纳豆：50g；
橙醋酱油：1 小匙（5g）；
香油：1 小匙（4g）；
海苔碎：适量（0.5g）；
鹌鹑蛋：1 个（9g）

烹饪方法

1. 将蘘荷纵剖成两半，再切成薄片，紫苏叶切丝，小葱切成葱花，山药用擀面杖拍碎成适合入口的小块。
2. 将秋葵快速焯水，斜切成 2~3 等份的小块。
3. 将步骤 1 和步骤 2 中处理好的食材和纳豆、橙醋酱油、香油、海苔碎混合均匀，装盘，在正中央挖一个小洞，打入一颗鹌鹑蛋。

小贴士

秋葵和山药的口感都是黏糊糊的，这是因为它们都含有果胶和黏蛋白这类水溶性膳食纤维。它们不仅可以促进营养吸收，更能够改善肠道环境，提高身体免疫力。

糖分
8.6g
热量
318kJ

将山药烹饪出地中海风味

梅香拌山药

5 分钟以内　10 元以内　可冷藏

材料（1 人分量）

山药：30g；
黑橄榄：3g；
番茄干：5g；
日式梅肉：1 小匙（5g）；
橄榄油：1 小匙（3g）；
黑胡椒粉：少许；
薄荷：少许

烹饪方法

1. 将山药去皮切成大块，用擀面杖拍碎，橄榄切片。
2. 将番茄干和梅肉用菜刀拍成泥，再加入橄榄油和黑胡椒粉混合成酱汁。
3. 将步骤 1 和步骤 2 中处理好的食材拌匀，装盘后撒上薄荷做点缀。

小贴士

橄榄在地中海地区是广为人知的一种食材。不仅如此，它也非常适合搭配山药。山药不止含有优质的蛋白质，而且还含有维生素 B 和维生素 C 等其他营养物质。

糖分
9.1g
热量
331kJ

蔬菜"老大哥"制成的排毒沙拉

热南瓜沙拉

15 分钟以内　10 元以内　可冷藏

材料（1 人分量）

南瓜：50g；
柠檬：4g；
香芹：适量（1g）；
橄榄油：1 小匙（3g）；
盐：少许；
胡椒粉：少许；
咖喱粉：少许（0.5g）

烹饪方法

1. 将南瓜削皮后，切成适合入口的小块。
2. 将南瓜放到热水中焯一下，直到可以用竹签轻松扎透时，倒掉锅里的水，将南瓜干煸至干燥。
3. 柠檬先切成薄片，再切成小瓣。
4. 将香芹切成碎末。
5. 将步骤 2、3、4 中处理好的食材放入沙拉碗中，再放入橄榄油、盐、胡椒粉、咖喱粉，拌匀装盘。

小贴士

南瓜可谓蔬菜中的"老大哥"。这道菜可以长期存放，所以最适合当作休闲小零食。南瓜中的果胶可以吸附体内的脂肪、糖分和钠，并将它们排出体外。

糖分
8.7g

热量
402kJ

超一流的观感和口味!

法式酿山药

5 分钟以内 10 元以内 可冷藏

材料（1 人分量）

山药：35g；
橄榄油：1 小匙（5g）；
迷迭香：适量（1g）；
大蒜：1/4 片；
干辣椒：少许（0.1g）；
番茄干：8g；
盐：少许；
胡椒粉：少许

烹饪方法

1. 将山药去皮，放入烤盘中煸香。
2. 锅中倒入橄榄油，放入迷迭香、大蒜和干辣椒，小火炒出香味。
3. 将步骤 1 和步骤 2 中处理好的食材放入沙拉碗中，再放入番茄干、盐、胡椒粉拌匀后装盘。

小贴士

将山药放在烤盘上煸过之后，口感会更加绵软。番茄干的加入也让整道菜更加美味！而迷迭香和大蒜则可以增进食欲。

糖分
9.3g
热量
423kJ

香滑松软，保证入口难忘的简单小菜

芝士山药饼

10 分钟以内　10 元以内

材料（1 人分量）

山药：50g；
盐：少许；
胡椒粉：少许；
淀粉：1 小匙（3g）；
橄榄油：1 小匙（5g）；
面包糠：适量（0.5g）；
紫苏叶：4 片（2g）；
帕尔马干酪：1 小匙（2g）

烹饪方法

1. 山药去皮，用磨泥器磨成泥。
2. 沙拉碗中放入山药泥、盐、胡椒粉、淀粉，充分混合。
3. 平底锅中放入橄榄油，将山药泥用中火煎熟。
4. 将面包糠放入烤箱中，在 200℃下烤至变色。
5. 将煎好的山药泥装盘，撒上面包糠、切碎的紫苏叶和帕尔马干酪。

小贴士 不同的烹饪方式诞生出不同的风味和口感。口感软糯清淡的山药饼让人舍不得放下筷子。这道菜无论是作为下酒菜还是餐桌上的小点心，都是非常好的选择。在煎山药饼时，火候的掌握是诀窍，要用中火慢慢地煎熟才行。

第七部分

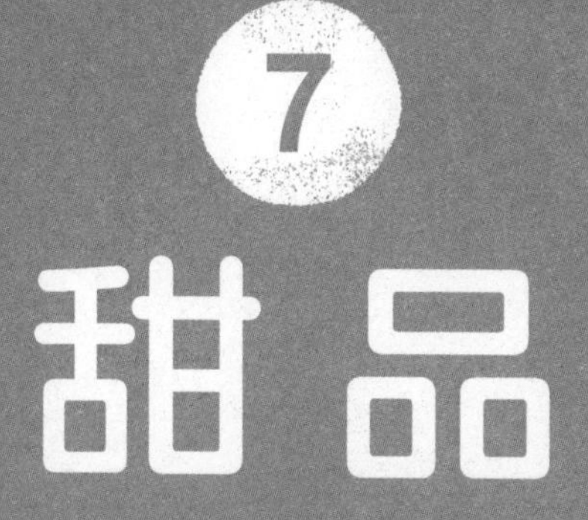

甜品

虽然米面中含有很多糖分，但在减糖饮食的时候，

还是有很多人自然而然地把它们当作主食。

而对于甜品，很多人则将它们当作对自己的一种奖励，

因此在减糖饮食一开始的时候，就直接把甜品给戒掉了。

可是没有甜品的生活，难道不会显得很乏味吗？

当然甜品也不能乱吃，

要合理设计出一些可以控制糖分摄取的食谱。

就让我们通过这一章的内容，来重新找回吃甜品的快乐吧！

糖分
4.0g
热量
326kJ

苹果烤一烤，美味又健康

鸡丝拌苹果

10 分钟以内　20 元以内　可冷藏

材料（1 人分量）

鸡胸肉：30g；
苹果：25g；
苦苣：适量（5g）；
莳萝：适量（1g）；
橄榄油：1 小匙（3g）；
盐：少许；
胡椒：少许；
柠檬汁：半小匙（2g）

烹饪方法

1. 将鸡胸肉去筋，用热水焯熟后撕碎成鸡丝。
2. 苹果切成 0.5cm 厚的薄片，放到烤盘上煎烤。
3. 将苦苣切成条，莳萝切成细丝。
4. 将步骤 1、2、3 中处理好的食材放入沙拉碗中，加入橄榄油、盐、胡椒粉、柠檬汁拌匀装盘。

小贴士

苹果中含有的多酚可以让人体消化道中的脂肪不易被吸收，同时还有促进脂肪分解的作用。

糖分
10.9g
热量
213kJ

扑鼻清香，畅爽快感

鲜橙西柚果冻

20 元以内　可冷藏

材料（1 人分量）

橙子：45g；
西柚：45g；
温水：1 大匙（20mL）；
吉利丁粉：半小匙（1.5g）；
砂糖：1 小匙（2g）；
薄荷：适量

烹饪方法

1. 取橙子和西柚 2/3 的果肉榨汁，留下 1/3 的果肉。
2. 将吉利丁粉放入温水中溶解。
3. 在榨出的果汁中加糖，再将果汁放入温水中充分混合。
4. 将混合好的果汁倒入容器，再放入冰箱冷藏，撒上薄荷做点缀。

小贴士 西柚中含有维生素 P，能增强皮肤和毛孔的功能，有利于皮肤健康和美容。

糖分
11.8g
热量
352kJ

最适合在清晨来上一份的缤纷甜点

蓝莓红薯冷羹

5 分钟以内　10 元以内　可冷藏

材料（1 人分量）

红薯：30g；
蓝莓（冷冻）：15g；
水：2 大匙（25mL）；
酸奶：2 大匙（25g）；
盐：少许；
核桃：3g；
薄荷：适量（0.5g）

烹饪方法

1. 红薯去皮切成小块，用水浸泡去除涩味。
2. 红薯焯至用竹签可以扎透的程度后，用笊篱捞起，去除水分。
3. 将焯好的红薯放入料理机中，再加入蓝莓、水、酸奶，打碎成汁。
4. 将打好的汤汁用筛网过滤，加入盐调味后装盘，撒上核桃和薄荷。

酸奶含有乳酸菌，可以调整肠道环境，促进免疫调节。不仅如此，酸奶还含有其他营养成分，可以保持肌肉的强健。

糖分
12.0g
热量
251kJ

使用清爽红菊苣烹饪的食谱

蔬果思慕雪

5 分钟以内 20 元以内 可冷藏 沙拉碗烹饪

材料（1 人分量）

红菊苣：5g；
苹果：40g；
紫甘蓝：10g；
蓝莓（冷冻）：35g；
水：1/4 杯（55mL）；
蜂蜜：1 小匙（5g）

烹饪方法

1. 将红菊苣、苹果、紫甘蓝切成小块。
2. 将步骤 1 中处理好的食材放入料理机，加入蓝莓、水、蜂蜜，用料理机搅拌成糊状。
3. 装盘，完成。

小贴士

红菊苣之所以呈红紫色，是因为其含有一种叫作“花色素苷”的成分。这种成分是一种多酚，它不仅可以抗氧化、缓解眼疲劳，还能预防高血压、心肌梗死、脑梗死、动脉硬化等疾病。

糖分
9.0g
热量
297kJ

四溢的果香搭配清新的微甜口味

苹果浓汤

10 分钟以内　10 元以内

材料（1 人分量）

苹果：55g；
水：3/4 杯（170mL）；
柠檬汁：半小匙（2g）；
盐：1/4 小匙（1g）；
牛奶：1 大匙（15mL）；
鲜奶油：1 小匙（5mL）；
柠檬皮：适量（1g）；
西兰花芽：适量（1g）；
橄榄油：半小匙（1g）；
胡椒粉：少许

烹饪方法

1. 将苹果去皮去核，切成小块。
2. 将苹果块和水放入锅中加热直到沸腾，加入柠檬汁，煮至苹果软烂后加入盐调味，关火，冷却至温热。
3. 用搅拌机搅拌汤汁，再用筛网过滤后加入牛奶、鲜奶油。
4. 装盘，撒上柠檬皮、西兰花芽、橄榄油、胡椒粉。

小贴士

苹果含有丰富的膳食纤维和果胶，而果胶又被称作“天然的整肠成分”。不仅如此，据研究表明，在加热苹果时，苹果中的果胶含量也会增加。果胶不仅可以缓解腹泻，还有很好的通便功效。

糖分
14.1g

热量
569kJ

营养丰富的胡麻豆腐，搭配全新的烹饪方式，
带来更加美妙的体验

酸奶胡麻豆腐

5 分钟以内　10 元以内

材料（1 人分量）

猕猴桃：50g；
希腊酸奶（无糖）：1/4 杯（50g）；
胡麻豆腐：60g；
黄豆粉：适量（1g）；
红糖浆：半小匙（3g）

烹饪方法

1. 将猕猴桃切丁，稍微留出几块作为装饰，将希腊酸奶分出一半。
2. 在容器中按照猕猴桃、希腊酸奶、胡麻豆腐、希腊酸奶的顺序盛好食材，再撒上黄豆粉和用来装饰的猕猴桃，滴上几滴红糖浆。

小贴士

胡麻豆腐含有丰富的人体必需的氨基酸、脂肪酸及钙、镁、铁、锌等多种矿物质。另外，芝麻中所含的芝麻木质素具有强大的抗氧化作用。芝麻木质素还能抑制体内低密度脂蛋白胆固醇的增加、提升肝脏活力，预防各种疾病。

糖分
21.7g
热量
950kJ

用棉花糖烹饪出的简单甜品

棉花糖南瓜慕斯

10 元以内　可冷藏　微波炉烹饪

材料（1 人分量）

棉花糖：20g；
鲜豆浆：2 小匙（10mL）；
南瓜（冷冻去皮）：15g；
鲜奶油：2 大匙（30g）；
糖：1 小匙（2g）；
南瓜籽：1g

烹饪方法

1. 将豆浆和棉花糖放入耐热容器中快速搅拌。
2. 搅拌好后，将容器放入微波炉中加热至棉花糖融化（500W 功率加热约 30 秒），用打蛋器进一步搅拌。
3. 等待容器内的食材冷却至温热后，将其放入冰箱冷藏直至凝固。
4. 南瓜放入耐热容器后，用微波炉加热至软烂。
5. 沙拉碗中放入鲜奶油、糖和加热好的南瓜，搅拌均匀。
6. 将步骤 3 中冷却好的食材用勺子舀出装盘，倒入步骤 5 中做好的酱汁，再撒上南瓜籽点缀。

小贴士

棉花糖中含有明胶，这种明胶的主要成分是蛋白质。蛋白质在人体内被分解吸收之后，会转换成骨胶原蛋白或是体内其他组织的一部分。

糖分
35.8g

热量
740kJ

烤过的香蕉分外甜

柠檬香蕉酸奶

10 分钟以内　10 元以内

材料（1 人分量）

香蕉：1 根（140g）；
蜂蜜：半小匙（2g）；
酸奶：半杯（80g）；
柠檬汁：半小匙（2.5g）；
肉桂：适量；
薄荷：适量（装饰用）

烹饪方法

1. 将香蕉带皮放入烤箱烤制。
2. 将蜂蜜、酸奶、柠檬汁充分混合。
3. 香蕉去皮后装盘，浇上步骤 2 中的酱汁，撒上肉桂，加上薄荷点缀。

小贴士

香蕉可以补充我们日常生活中很容易忽略的营养物质，是促进身体健康的必备水果。通过烘烤的方式可以让香蕉的甜味大增，不仅可以用来做甜点，更可以当作零食来食用。值得一提的是，在早餐时间享用这道甜点，可以为身体提供一整天的优质能量。烹饪香蕉时，除了用烤箱，还可以将香蕉放在铝箔纸上，再用烤面包机烤至香蕉皮变黑，再翻面烤制即可，十分简单。

本书食谱营养成分表·1

（全部按1人分量计算）

第一部分

页码	食谱名	糖分(g)	热量(kJ)	蛋白质(g)	脂肪(g)
024	中式豆腐盖饭	25.6	925	10.2	7.2
025	韩式鸡蛋汤饭	31.6	1093	12.2	7.6
026	缤纷寿司	52.2	1624	14.7	10.2
027	帝王菜盖饭	55.8	1432	11.8	4.6
028	芝士烤法棍	15.8	477	3.3	3.6
029	土豆沙拉三明治	42.1	1226	9.3	9.3
030	胡萝卜鸡肉三明治	31.7	1000	12.8	5.9
031	自制鲜虾河粉	3.4	218	4.7	0.2
032	鳕鱼籽拌面	4.1	599	7.7	9.0
033	轻食纳豆拌面	24.9	1030	12.8	7.8
034	金枪鱼茄子凉面	42.4	1126	11.6	4.0
035	纳豆番茄麻辣意大利面	36.1	1465	18.6	10.6
036	韩式奶酪熏肉煎饼	23.0	946	8.1	9.9
037	老北京鸡肉卷	4.8	762	8.4	7.0
038	韩式梅干紫苏煎饼	27.9	917	7.1	7.1

第二部分

页码	食谱名	糖分(g)	热量(kJ)	蛋白质(g)	脂肪(g)
040	浇汁煎鸡肉	3.2	511	13.5	4.4
041	日式莲白肉卷	5.1	440	7.9	4.9
042	麻酱秋葵肉卷	8.2	1080	11.5	18.4
043	鸡肉豆奶汤	5.0	347	8.3	2.3
044	意式炸藕盒	6.9	519	6.6	7.2
045	凉拌肥牛	1.3	963	4.4	21.9
046	灰树花炖鸡肉	6.2	473	12.9	3.4
047	清香凉拌鸡肉	9.5	490	15.5	1.3
048	家常炒根菜	9.4	548	4.9	7.0
049	生菜番茄鸡肉汤	13.0	615	13.2	2.1
050	麻辣肉松生春卷	17.3	707	6.1	3.4

第三部分

页码	食谱名	糖分(g)	热量(kJ)	蛋白质(g)	脂肪(g)
052	金枪鱼牛油果沙拉	0.8	481	11.7	6.8
053	芝士烤赤鲷	1.0	465	10.1	6.9
054	生拌金枪鱼	1.4	368	10.8	3.9
055	蒜香扇贝	2.4	356	8.8	4.5
056	凉拌比目鱼	2.5	247	9.8	1.1
057	墨鱼炒油菜花	2.6	318	5.9	4.3
058	炸金枪鱼排	4.5	620	13.1	8.0

	碳水化合物 (g)	膳食纤维 (g)	钙 (mg)	铁 (mg)	维生素 A (μg)	维生素 B_1 (mg)	维生素 B_2 (mg)	含盐量 (g)
	29.3	3.7	61	2.2	72	0.19	0.14	1.5
	34.4	2.9	58	1.4	160	0.09	0.23	1.8
	56.6	4.5	31	1.2	284	0.42	0.27	1.3
	61.7	5.9	125	1.9	319	0.09	0.31	1.3
	17.3	1.5	17	0.4	24	0.04	0.04	0.6
	44.4	2.2	39	0.5	30	0.10	0.08	1.2
	34.8	3.1	37	0.6	211	0.09	0.05	1.5
	4.3	0.9	26	0.5	30	0.02	0.03	0.9
	12.8	8.8	69	0.5	174	0.13	0.14	1.5
	30.7	5.9	89	2.3	18	0.10	0.37	1.3
	45.6	3.3	28	0.9	44	0.10	0.08	1.2
	42.6	6.6	63	2.6	50	0.20	0.32	1.4
	27.1	4.1	81	1.2	46	0.18	0.16	0.5
	5.4	0.6	13	0.5	26	0.04	0.06	1.2
	31.1	3.2	62	1.5	24	0.05	0.17	1.1

	碳水化合物 (g)	膳食纤维 (g)	钙 (mg)	铁 (mg)	维生素 A (μg)	维生素 B_1 (mg)	维生素 B_2 (mg)	含盐量 (g)
	4.9	1.7	14	0.7	198	0.09	0.09	0.8
	6.0	0.9	20	0.6	26	0.06	0.09	1.0
	10.1	2.0	59	0.7	102	0.40	0.12	0.4
	6.7	1.7	30	0.8	17	0.07	0.13	0.6
	8.4	1.6	40	0.8	36	0.08	0.11	0.4
	2.1	0.8	12	0.6	63	0.03	0.06	0.2
	8.5	2.3	20	0.6	79	0.13	0.19	1.2
	11.0	1.5	25	0.7	48	0.11	0.11	0.7
	11.3	2.0	32	0.6	77	0.06	0.06	0.7
	14.6	1.6	32	0.8	54	0.15	0.10	1.3
	18.5	1.2	14	0.4	23	0.03	0.05	0.8

	碳水化合物 (g)	膳食纤维 (g)	钙 (mg)	铁 (mg)	维生素 A (μg)	维生素 B_1 (mg)	维生素 B_2 (mg)	含盐量 (g)
	1.6	0.9	9	1.1	5	0.10	0.07	0.4
	1.1	0.1	17	0.3	26	0.12	0.07	0.4
	1.7	0.4	18	1.0	34	0.02	0.10	0.8
	4.5	2.2	10	0.5	11	0.08	0.19	0.4
	3.6	1.2	29	0.5	54	0.10	0.06	1.3
	3.4	0.9	25	0.4	35	0.03	0.03	0.7
	4.9	0.5	12	0.7	17	0.04	0.05	0.6

本书食谱营养成分表·2

（全部按1人分量计算）

第四部分

页码	食谱名	糖分(g)	热量(kJ)	蛋白质(g)	脂肪(g)
060	西兰花拌鸡胸肉	0.3	167	5.2	1.8
061	辣白菜鸡肉沙拉	4.7	494	14.4	3.5
062	中式凉拌鸡胸肉	1.5	373	15.4	1.8
063	花椒佐章鱼	0.6	180	3.4	3.2
064	鳕鱼籽炒竹笋	1.0	130	4.0	0.7
065	金枪鱼拌灰树花	1.5	301	4.1	5.2
066	豌豆苗凉拌鲂仔鱼	1.9	113	3.2	0.3
067	橙香章鱼沙拉	2.8	326	4.2	5.2
068	西兰花凉拌小银鱼	4.8	314	2.8	4.4
069	金枪鱼萝卜泥	5.7	230	5.8	0.4
070	番茄海苔沙拉	6.7	151	1.8	0.2
071	香拌莲藕章鱼	7.3	364	9.2	1.3
072	裙带菜番茄沙拉	8.2	347	2.0	4.5
073	莴苣拌海蕴菜	8.9	201	2.0	0.2
074	墨鱼拌前胡	9.0	456	6.4	4.5

第五部分

页码	食谱名	糖分(g)	热量(kJ)	蛋白质(g)	脂肪(g)
076	苦瓜牛油果沙拉	1.4	376	1.3	8.6
077	西班牙番茄冻汤	2.5	84	0.5	1.1
078	酸爽拌菜	2.8	113	2.1	0.3
079	味噌拌芦笋	3.1	126	1.6	0.9
080	香草烧夏蔬	3.8	285	3.1	4.0
081	炒芜菁凉拌牛油果	1.5	385	0.6	8.9
082	醋香拌韭菜	3.7	251	3.9	2.5
083	西式烧春蔬	2.0	268	1.3	5.2
084	浇汁烧茄子	3.7	239	1.5	3.1
085	芜菁沙拉	3.9	84	0.5	0.1
086	清爽毛豆芦笋沙拉	3.6	406	4.7	6.6
087	柚香牛油果沙拉	2.7	402	1.1	8.8
088	圣女果汤冻	4.9	117	2.1	0.1
089	芝麻酱拌白芦笋	5.2	398	4.2	5.7
090	咖喱炸夏蔬	6.2	506	2.5	9.0
091	柠爽圣女果	5.7	301	0.6	5.2
092	橙香胡萝卜沙拉	7.6	314	4.1	2.5
093	香草芝士炸菜	9.7	502	2.2	6.9
094	法式渍番茄	6.3	536	1.1	10.3
095	香脆蔬菜沙拉	10.6	469	2.8	6.0
096	梅香金平莲藕	13.0	460	1.3	5.2

	碳水化合物 (g)	膳食纤维 (g)	钙 (mg)	铁 (mg)	维生素 A (μg)	维生素 B_1 (mg)	维生素 B_2 (mg)	含盐量 (g)
	1.9	1.6	21	1.3	60	0.04	0.08	0.2
	8.4	3.2	43	1.3	31	0.07	0.21	1.3
	2.5	1.1	21	0.5	66	0.06	0.10	0.6
	0.8	0.2	6	0.1	7	0.00	0.01	0.2
	1.9	1.0	11	0.3	4	0.09	0.07	0.6
	3.3	1.9	17	0.5	74	0.06	0.10	0.6
	3.1	1.3	25	0.4	92	0.04	0.02	0.4
	3.4	0.7	16	0.2	8	0.04	0.02	0.3
	7.9	3.1	25	0.7	41	0.09	0.05	0.2
	7.2	1.5	28	0.5	17	0.04	0.04	1.1
	8.8	2.2	24	0.5	77	0.09	0.04	0.4
	9.2	1.9	32	0.9	13	0.05	0.04	1.0
	9.6	1.4	21	0.5	42	0.08	0.04	1.0
	10.1	1.2	35	0.4	51	0.03	0.03	1.5
	11.9	2.9	24	1.1	7	0.09	0.04	0.9

	碳水化合物 (g)	膳食纤维 (g)	钙 (mg)	铁 (mg)	维生素 A (μg)	维生素 B_1 (mg)	维生素 B_2 (mg)	含盐量 (g)
	3.4	2.0	16	0.5	20	0.05	0.07	0.4
	3.2	0.7	7	0.2	26	0.02	0.01	0.1
	3.9	1.2	53	0.6	23	0.03	0.03	0.8
	3.9	0.9	13	0.5	18	0.04	0.06	0.5
	5.9	2.2	52	0.6	47	0.06	0.08	0.1
	2.8	1.4	12	0.2	5	0.03	0.04	0.1
	6.4	2.7	57	0.6	198	0.04	0.07	0.8
	3.5	1.5	22	0.5	23	0.07	0.07	0.1
	5.7	2.0	21	0.4	11	0.05	0.05	0.9
	4.9	1.0	22	0.2	19	0.02	0.01	0.0
	5.0	1.5	25	0.9	18	0.09	0.07	0.5
	4.5	1.8	10	0.3	7	0.05	0.07	0.2
	5.6	0.8	10	0.4	45	0.04	0.05	1.4
	7.1	1.9	87	1.5	51	0.13	0.12	0.5
	7.9	1.8	58	0.8	37	0.06	0.09	0.3
	6.8	1.2	15	0.3	40	0.04	0.03	0.1
	9.1	1.5	26	0.3	291	0.05	0.04	0.2
	12.6	3.0	52	0.5	297	0.05	0.08	0.1
	8.6	2.4	23	0.4	56	0.07	0.03	0.5
	12.0	1.5	33	0.8	29	0.12	0.03	0.6
	14.3	1.3	36	0.6	1	0.03	0.01	0.9

本书食谱营养成分表·3

（全部按1人分量计算）

第六部分

页码	食谱名	糖分(g)	热量(kJ)	蛋白质(g)	脂肪(g)
098	金针菇拌京水菜	2.3	117	2.7	0.8
099	杏鲍菇炒大虾	3.5	306	7.5	2.6
100	凉拌菌菇拼盘	3.6	352	5.1	4.9
101	金针菇拌黄瓜	3.3	188	2.8	2.2
102	葱香笋菇	4.5	205	2.7	2.4
103	蛋香蘑菇菠菜碎	5.8	314	3.8	3.4
104	梅香金针菇	3.8	100	0.9	0.1
105	蘑菇拌豆腐	2.9	285	6.2	3.2
106	豆苗拌豆腐	1.6	335	5.7	4.9
107	生菜豆腐汤	2.0	443	5.0	8.3
108	芝士豆子沙拉	5.6	624	8.3	9.3
109	秋葵豆腐冷羹	6.4	301	4.7	2.9
110	脆豌豆麦片沙拉	8.8	314	1.7	3.3
111	番茄酱炒冻豆腐	9.2	720	8.4	10.2
112	酱烤魔芋块	4.8	452	1.7	7.6
113	低糖凉面	2.7	389	4.2	6.1
114	玉米焦糖布丁	11.8	582	4.3	7.9
115	香草烙山药	6.8	381	3.5	3.8
116	纳豆蔬菜沙拉	7.9	795	11.4	10.4
117	梅香拌山药	8.6	318	1.5	3.6
118	热南瓜沙拉	9.1	331	1.0	3.3
119	法式酿山药	8.7	402	2.1	5.4
120	芝士山药饼	9.3	423	2.2	5.8

第七部分

页码	食谱名	糖分(g)	热量(kJ)	蛋白质(g)	脂肪(g)
122	鸡丝拌苹果	4.0	326	7.3	3.4
123	鲜橙西柚果冻	10.9	213	2.2	0.1
124	蓝莓红薯冷羹	11.8	352	1.8	2.9
125	蔬果思慕雪	12.0	251	0.5	0.2
126	苹果浓汤	9.0	297	0.8	4.0
127	酸奶胡麻豆腐	14.1	569	6.8	5.3
128	棉花糖南瓜慕斯	21.7	950	2.0	14.3
129	柠檬香蕉酸奶	35.8	740	4.5	2.7

碳水化合物 (g)	膳食纤维 (g)	钙 (mg)	铁 (mg)	维生素A (μg)	维生素B_1 (mg)	维生素B_2 (mg)	含盐量 (g)
4.7	2.4	97	1.2	34	0.08	0.10	0.6
5.6	2.1	34	0.4	221	0.08	0.11	0.6
7.1	3.5	19	0.9	17	0.09	0.17	0.6
6.8	3.5	50	1.1	37	0.13	0.11	1.2
7.7	3.2	16	0.5	8	0.12	0.17	0.6
9.2	3.4	46	1.3	179	0.12	0.16	0.6
4.9	1.1	2	0.4	1	0.06	0.04	0.4
6.9	4.0	52	1.4	1	0.14	0.09	0.7
3.6	2.1	61	1.3	123	0.09	0.09	0.6
3.1	1.1	59	0.9	50	0.11	0.06	1.2
7.7	2.2	74	1.2	17	0.12	0.11	0.2
7.6	1.2	69	1.1	6	0.10	0.04	1.4
10.9	2.1	18	0.4	19	0.05	0.03	0.6
11.9	2.8	105	1.8	8	0.13	0.07	0.5
7.5	2.7	49	0.7	1	0.02	0.01	0.6
8.7	6.1	26	0.7	41	0.02	0.12	1.4
10.5	0.7	74	0.8	88	0.07	0.15	0.1
7.5	0.7	74	0.4	43	0.05	0.06	0.4
14.0	6.1	100	2.5	79	0.12	0.41	0.4
10.1	1.6	15	0.7	1	0.06	0.03	0.5
11.6	2.5	16	0.5	172	0.04	0.04	0.1
11.0	2.4	19	0.6	27	0.09	0.03	0.2
10.0	0.7	40	0.3	24	0.05	0.03	0.2

碳水化合物 (g)	膳食纤维 (g)	钙 (mg)	铁 (mg)	维生素A (μg)	维生素B_1 (mg)	维生素B_2 (mg)	含盐量 (g)
4.5	0.6	4	0.2	3	0.04	0.03	0.2
11.7	0.8	18	0.1	21	0.06	0.03	0.1
13.2	1.5	47	0.4	13	0.05	0.05	0.2
14.1	2.1	10	0.2	3	0.03	0.01	0.0
9.8	0.9	23	0.1	28	0.02	0.02	1.1
16.2	2.1	26	0.7	4	0.07	0.02	0.1
22.3	0.7	23	0.4	167	0.02	0.04	0.1
37.3	1.6	105	0.5	34	0.10	0.17	0.1

结语

这是我们第一次出书，首先要对各位购买本书的读者表示感谢。我们很高兴能够通过这本书和大家分享我们的一些想法。

我们都希望能够永葆青春、健康和美丽，可同时我们也对美食欲罢不能，因此就陷入了胖瘦的轮回之中。可无论怎么轮回，我们一直都梦想着自己可以拥有苗条的身材。只要对自己的身材管理稍有松懈，我们就立刻能在体检的时候收到“意外惊喜”。

有没有一种方法，可以通过烹饪简单又十分美味的料理，让我们“吃”出理想的身材呢？基于这种想法，我们开始研究这样一本减糖控糖的食谱。希望通过这本食谱，可以帮助大家利用每日的饮食，轻轻松松地强健体魄、调整身材。